Integrating Three-Dimensional Homogeneous Structural Domain Identification and Quality Classification for Fractured Rock Mass: Theory and Method

裂隙岩体质量三维分区分级一体化理论与方法

陈庆发　尹庭昌　著

中南大學出版社
www.csupress.com.cn
·长沙

内容简介

Introduction

本书秉承"先分区、后分级"的岩体质量评价思想，以第一著者创建的"裂隙岩体块体化程度评价理论"和提出的"岩体结构均质区三维划分方法""岩体质量 RMR_{mbi} 分级方法"为基础，以块体化程度 MB_i 指标为纽带，连通结构均质区三维划分和岩体质量 RMR_{mbi} 分级 2 项技术事项，形成"裂隙岩体结构均质区三维划分与质量分级一体化"知识体系。为简化起见，书名定为"裂隙岩体质量三维分区分级一体化理论与方法"。

本书主要内容包括：裂隙岩体结构三维解构有效性；裂隙岩体块体化程度评价理论；岩体结构均质区三维划分方法；基于块体化程度指标的岩体质量分级方法；结构均质区三维划分与岩体质量分级一体化；结构均质区三维划分与岩体质量精细分级一体化。本书所构建的裂隙岩体质量三维分区分级一体化理论与方法，跨尺度表征了区域岩体质量，为岩体多尺度力学特性认知、岩体力学参数优选、工程支护参数确定奠定了理论基础。

本书可供采矿工程、岩土工程、地下工程、工程地质等领域的科研与工程技术人员、高等院校教师、高年级本科生和研究生等参考使用。

作者简介

About the Author

陈庆发，男，1979 年 7 月生，河南郸城人，博士，博士后，教授，广西大学土木工程世界一流建设学科博士生导师，获全国高校矿业石油与安全工程领域优秀青年科技人才奖、湖南省优秀博士学位论文奖、绿色矿山突出贡献奖等荣誉称号，兼任国家科学技术进步奖评审专家、国家级教学成果奖评审专家、国家非煤矿山安全生产专家、广西高校矿物工程重点实验室主任、广西锰业人才小高地技术顾问等。

长期从事非传统采矿工艺理论、岩石力学、工程灾害防治等方面的研究工作。近年来，先后提出“协同开采”重大采矿科学命题、“同步充填”采矿技术理念与“采矿工艺重构”“岩体结构三维解构”学术思想以及“协同利用”采空区处理方法、结构均质区三维划分方法、岩体质量 RMR_{mbi} 分级方法等，系统开展了采空区隐患资源协同开采技术、地下矿山岩体结构解构理论与方法、同步充填柔性隔离层下散体介质流理论、产状复杂矿体分区协同开采技术、裂隙岩体质量三维分区分级一体化理论与方法等原创知识体系研究。

主持国家自然科学基金、国家公益性行业科研专项课题、国家重点研发计划子课题等科研项目 50 余项；以第一作者和通讯作者在 *International Journal of Rock Mechanics and Mining Sciences*、*Engineering Geology*、*Computers and Geotechnics*、*Rock Mechanics and Rock Engineering*、*Powder Technology* 等 SCI/EI 检索源期刊发表论文 80 余篇；以第一著者(或独著)出版《隐患资源开采与空区处理协同技术》《地下矿山岩体结构解构理论方法及应用》《金属矿床地下开采协同采矿方法》《同步充填柔性隔离层下散体介质流理论》《产状复杂矿体分区协同开采技术》等学术专著 6 部；以第一发明人获授权国家发明专利 10 余项；以第一获奖人获广西科学技术进步奖二等奖、广西自然科学奖三等奖等科研奖励 10 余项。

尹庭昌，男，1995 年 10 月生，广西恭城人，2020 年毕业于广西大学资源环境与材料学院采矿工程专业，获硕士学位；2024 年毕业于浙江大学-西湖大学环境科学与工程专业，获博士学位。目前受阿兹列里国际博士后研究基金资助，在以色列魏茨曼科学研究所从事博士后研究。主要从事岩体结构三维解构、岩体质量分级与裂隙多孔介质逾渗与溶质运移等相关理论与应用研究；以第一作者在 *Geophysical Research Letters*、*Water Resources Research* 发表 SCI/EI 论文 20 余篇；曾获得国家奖学金、西湖大学苏武奖学金及浙江省优秀毕业生等荣誉。

前言

Foreword

随着国民经济的快速发展，我国水利水电资源开发工程、固体矿床资源开发工程、国防工程、交通隧道建设工程、城市地下铁路建设工程等大型岩体工程活动愈加频繁，规模与日俱增，所处地质环境也愈加复杂。复杂的地质环境常常发育有不利结构面和不良结构体，导致工程建设过程频繁发生诸如滑坡、松石冒落、冒顶、片帮、坍塌等地质灾害，表现出显著的岩体结构效应，严重影响着岩体工程的建设与运维。

岩体结构的基本单元是结构面与结构体。结构面、结构体不同的排列组合形式，导致结构面空间展布形式、结构体三维赋存形态各异，使岩体表现出不连续性、非均质性和各向异性等特性。因此，从结构单元在岩体内三维排列组合形式的角度出发，精细化划分岩体结构均质单元(又称为结构均质区)，客观描述岩体的空间完整性及其质量，是开展岩体结构控制研究的基础。

前人提出的岩体结构均质区划分方法从二维角度分析岩体不连续面调查数据，将岩体划分为不同地质单元，其本质是通过统计和分析确定性结构面在岩体出露断面的分布特征划分不同岩体结构均质区域。这种从二维角度划分岩体结构均质区的方法，很难体现出岩体非均质性和各向异性的空间效应。

质量分级一直是岩石力学及工程领域关注的热点和难点，迄今为止已形成众多岩体质量分级方法，比如：RMR 分级法、Q 系统分级法、BQ 系统分级法等。这些分级方法中岩体完整性评价权重占比较大，且大多以一维或二维的方式来评价岩体完整性，造成不同区域、不同方向上岩体完整性表征值较为离散。此外，受不同程度、不同类型的地质构造作用及结构面分布的影响，不同区域岩体质量也存在显著差异，采用传统分级方法评价大尺度岩体质量，存在着局部与整体分级结果不统一的问题。对此，有学者提出了“先分区、后分级”的岩体质量评价思想。著者认为这里的“分区”最好是“结构均质区三维分区”，“分级”也最好是“岩体质量三维分级”，即“先进行结构均质区三维划分，后在每一个均质区内三维评价岩体质量”。

为克服上述问题，本书第一著者 2014 年至 2017 年创建“裂隙岩体块体化程度评价理论”，2018 年提出“岩体质量 RMR_{mbi} 分级方法”，2019 年提出“岩体结构均质区三维划分方法”和“裂隙岩体结构均质区三维划分与质量分级一体化”学术构想；带领团队成员历经多年的理论探索和工程实践，逐步将构想照进现实，形成了“裂隙岩体结构均质区三维划分与质量分级一体化”特色知识体系。在这一知识体系中，“裂隙岩体块体化程度评价理论”是结构均质区三维划分和岩体质量 RMR_{mbi} 分级的公共基础理论，以块体化程度 MB_i 指标为纽带连通结构均质区三维划分和岩体质量 RMR_{mbi} 分级两项技术事项，将二者一体化处置，这使得结构均质区划分结果和岩体质量分级结果具有确定性，局部与整体质量分级结果统一，且由于提出的“岩体结构均质区三维划分方法”“岩体质量 RMR_{mbi} 分级方法”具有三维属性，一并解决了前人研究在“岩体完整性表征值较为离散”“结构均质区二维划分方法难体现出岩体非均质性和各向异性维空间效应”“局部与整体质量分级结果不统一”等方面的缺陷。相比前人研究成果，本书所推荐的裂隙岩体结构均质区三维划分与质量分级一体化处置技术更进一步贯彻落实了“先分区、后分级”的岩体质量评价思想。为简化起见，书名定为“裂隙岩体质量三维分区分级一体化理论与方法”。

全书共 6 章。其中，第 1 章裂隙岩体结构三维解构有效性；第 2 章裂隙岩体块体化程度评价理论；第 3 章岩体结构均质区三维划分方法；第 4 章基于块体化程度指标的岩体质量分级方法；第 5 章结构均质区三维划分与岩体质量分级一体化；第 6 章结构均质区三维划分与岩体质量精细分级一体化。

全书由陈庆发教授策划与主持撰稿。参加本书撰写的有：陈庆发（第1章、第2章、第6章），尹庭昌（第3章、第4章、第5章）。

本书相关研究工作获国家自然科学基金项目（41402306）、广西自然科学基金重点项目（2014GXNSFDA118034）、广西自然科学基金面上项目（2019GXNSFAA185026）、广西科学研究与技术开发计划项目（桂科攻14251011）、岩土力学与工程国家重点实验室开放基金项目（Z016015）等资助；出版经费得到2023年度广西大学研究生优质教材及课程建设项目资助；此外，博士生、硕士生刘晨阳、麻健、郑文师、杨子超、梁智星和本科生高飞红、周永亮等在部分内容研究、文字与公式校核、绘图等方面也做了一些有益工作。在此，一并表示感谢！

由于著者水平有限，本书难免存在不妥之处，恳请读者批评指正！

著 者

2024年12月18日

目录

Contents

第 1 章

裂隙岩体结构三维解构有效性

1.1　岩体结构面关键三维特征参数及其测量问题

1.1.1　结构面产状

结构面产状通常用倾向 α 和倾角 β($\alpha\angle\beta$)来表示，其取值范围分别为[0, 360°]与[0, 90°]，如图 1-1 所示。

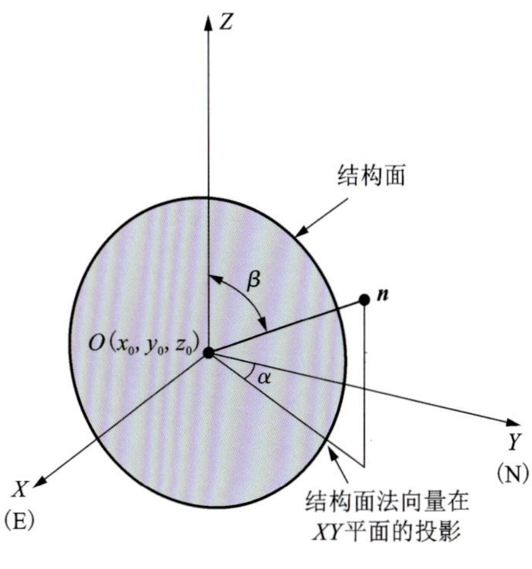

图 1-1　结构面产状图示[1]

图 1-1 中，结构面以圆盘形式表示，$\boldsymbol{n}$ 为结构面法向量，$O(x_0, y_0, z_0)$ 为圆盘中心点坐标。在岩体露头面上，能够直接观察到的只有结构面迹线的视倾向和视倾角。由于岩体露头形貌具有高低起伏的特点，可利用罗盘等工具测量结构面的真实倾向和倾角。一般情况下，结构面产状不常用走向来表达，而对于一些大规模结构面(如大断层等)，则常用走向表示。

结构面产状数据可用极点图或极点等值线图来表示，通常意义上的“结构面分组”是根据极点图或极点等值线图的疏密程度进行结构面优势组判别的，也称之为“优势结构面产状分组”。极点图或极点等值线图可根据 DIPS 或 MATLAB 等软件绘制。

1.1.2 结构面延展性

结构面延展性指的是结构面在某一方向上的连续性或结构面连续段长短的程度，常用结构面的尺寸大小度量。由于结构面“隐藏”在岩体内部，所以结构面的真实延展性难以测量。多数情况下只能通过结构面迹长来估算结构面延展性，将结构面迹线视为结构面圆盘的一个弦，迹线越长则结构面延展性越高。但这类估算有一个重要假设[2-3]，即结构面形状假设为圆盘状，利用圆心坐标和半径两个参数即可刻画一条复杂的结构面。估算结构面延展性自然转变为估算结构面直径。事实上自然界结构面大多近似为圆盘形[4]，实际工程中多数学者也采取圆盘结构面来建立结构面三维网络模型[5]。

国际岩石力学学会（International Society for Rock Mechanics and Rock Engineering，ISRM）[6]按照迹线长度，将结构面延展性划分为了 5 个等级，见表 1-1。

表 1-1 结构面延展性分级表

迹长/m	<1	1~3	3~10	10~20	>20
延展性描述	极低	低	中等	高	极高

1.1.3 结构面密度

结构面密度是岩体完整性的直观体现，可分为结构面线密度（条/m）、面密度（条/m^2）与体密度（条/m^3）[7]。线密度，顾名思义就是通过测线测得的结构面一维密度；结构面面密度与体密度亦同理。但结构面体密度不能直接测量得到，只能通过线密度或面密度推算。值得注意的是，相对于结构面产状与延展性，结构面密度对裂隙岩体物理力学性质的影响更为显著，在工程实际中结构面密度的大小直接控制工程岩体的稳定性[8]。

通常意义上的结构面密度指的是圆盘形结构面中心点的密度。但实质上，描述结构面密集程度的指标有很多[9]，如表 1-2 所示。

表 1-2 中，P20、P21、P32 这类指标，不仅仅考虑了结构面密度参数，还考虑了结构面其他几何特征参数，如结构面面积等。

表 1-2　结构面密集程度测量指标

样本维度	测量维度				结构面几何特征参数
	0	1	2	3	
1	P10：每单位长度结构面平均数量	P11：每单位长度结构面平均长度			线
2	P20：每单位面积结构面平均数量	P21：每单位面积结构面平均长度	P22：每单位面积结构面平均面积		面
3	P30：每单位体积结构面平均数量		P32：每单位体积结构面平均面积	P33：每单位体积结构面平均体积	体
	密度		强度	孔隙度	

1.1.4　特征参数测量存在的问题

综合学者多年研究发现，岩体内部的结构面在统计学上常表现出一定的规律性，且某些分布函数非常适用于描述区域岩体结构面关键几何三维特征参数的分布情况。例如，结构面产状分布通常符合 Fisher 分布函数[10]，结构面间距通常服从负指数分布[11]，结构面迹长分布通常为对数正态分布[12]。但是，在二维暴露面上测取的结构面数据常不可避免地受测量误差影响[13]，具体包括：方向误差、尺寸误差、截断误差及删改误差。方向误差指的是结构面出现在露头的概率和结构面产状与露头产状的夹角有关；尺寸误差指的是相比于小结构面，大结构面更容易出现在露头上；截断误差指的是小结构面很难被测量到；删改误差指的是大规模结构面的首尾两端极有可能不出现在露头上，即无法观测到其全迹长。此类结构面测量误差，造成了结构面特征参数测量的不确定性。

大部分岩体结构面研究聚焦于如何通过二维暴露面上测得的结构面数据来推导真实结构面的关键几何三维特征参数，常用的推导方法为概率方法，例如，Kulatilake 和 Wu[14-17]假设结构面为圆盘状，分别给出了垂直测窗下迹长真均值、产状权重因子及面密度的计算方法，并改进了结构面迹长均值和面密度估算方法，对一些未知参数进行了经验估计，不用预先定义结构面直径参数等，使得这些方法能够在工程实践中使用，具备一定的可靠度。

另外，相对于结构面密度与产状，对结构面延展性的估计存在较大的不确定性。实质上，假设结构面为圆盘状是一种不符合实际的做法(虽然圆盘状结构面应用广泛)，在此基础上利用观测到的结构面迹长来估计结构面延展性，会使岩体结构面延展性结果不准确，存在不确定性[18]。现今已有学者提出了一些进行结构面延展性调查的物理探测或现场观测手段，如探地雷达[19-20]、注射膨胀性砂浆[21]、钻孔摄像等，但这些手段操作过程繁琐、效率较低，且不能大规模使用，其限制性依然显著。

1.2 岩体结构三维解构

在裂隙岩体环境中，结构面交错切割形成大量结构体，结构面与结构体的排列组合形式很大程度上决定着岩体工程的稳定性。在矿山岩体工程中，受复杂岩体结构的影响，矿产资源开采困难，灾害事故频发，严重制约裂隙条件下矿产资源的安全高效开发利用。目前，人们对地下矿山岩体结构的认识某种程度上仍受制于观察空间、技术水平、工具手段等因素。为刻画岩体结构单元形态、阐明裂隙岩体结构力学特性，本书第一著者将“解构”概念引入矿山岩体工程领域，于2016年提出了“岩体结构解构”概念，利用岩体结构面关键三维特征参数解算、重构赋存于岩体内的结构面与结构体，建立了一套地下矿山裂隙岩体结构解构理论，出版了《地下矿山岩体结构解构理论方法及应用》一书[22]。

“解构”的概念，最早源于海德格尔[23]提出的“Deconstruction”一词，意为对事物进行分解、消解、拆解、揭示等，德里达[24]补充“消除”“反积淀”“问题化”等意思。岩体结构三维解构是指将岩体结构进行重构再现，近真实地展现出结构单元在岩体内部的原位三维排列组合形式[25-26]。在本书第一著者前期研究中[27-29]，基于岩体结构解构思想，结合具体采矿工艺与环境，对采矿活动过程中的结构体的移动性、稳定性进行了计算与分析，并以分析结果为依据，及时、合理、科学地调整与优化采矿工艺，实施积极的先导灾害控制技术措施，从而指导目标资源的安全高效开采。

目前岩体结构三维解构，主要依托于关键块体理论[30]、一般块体理论[31]，借助 GeneralBlock、3DMine、DIPS、3DEC 和 Unwedge 等软件，精细刻画结构面与结构体(块体)在岩体内的赋存形式，并根据岩体工程开挖情况，及时调整、优化施工工艺，指导采取合理的工程措施。

1.3　离散结构面网络模型

通常情况下，自然界中结构面大量、无序分布于岩体内部。因工程岩体露头一般是二维的，学者们通过岩石露头来观察结构面的发育情况，构建二维确定性结构面网络模型是可行的，但构建一个完全真实的三维确定性结构面网络模型较为困难[32]。

学者们经过统计分析发现，虽然结构面是随机出现的，但是其发育模式整体近似服从一定的概率分布函数，且往往成组产生。约在 20 世纪 60 年代，离散结构面网络(Discrete Fracture Network，DFN)法应运而生[33-35]。DFN 是一种基于统计学原理反演原位岩体裂隙的一种手段，即 DFN 模型中的结构面并不与实际原位岩体中的结构面一一对应，模型中的结构面是根据研究者自行设置的概率分布函数随机生成的，而所设置的概率分布函数是根据实际获取的结构面数据的分布情况，利用统计分析手段推导确定的。通过不断调整分布函数参数，调整模型中结构面几何属性的分布模式，使得结构面产状、结构面延展性、结构面密度等参数与实际露头的岩体结构面较为接近。

DFN 法应用十分广泛，主要包括：岩体材料的力学行为模拟[36-38]、裂隙岩体几何参数的确定[39-41]、渗流问题[42]、岩体工程块体判别[43]等。实际上，通过测线或测窗获得的结构面数据来反演构建 DFN 模型，难免取样偏差[44]。虽然很多学者提出了各种基于概率知识的修正方法解决这些问题[45]，但是，由于测线或测窗范围有限，有些产状的结构面未能出现在测线或测窗上，修正的概率方法也难以推导这部分结构面的真实信息。因此，要求测线或测窗取得的结构面样本能够大体上代表研究区域的结构状况，同时，也要求实际调查时布置的测线或测窗要尽量长或大，即在岩体结构均质单元内消除尺寸效应的影响。从统计角度来看，当取得的结构面样本足够多时，可认为这部分样本的统计特征与整个均质区内的结构面分布规律是近似的。

构建 DFN 模型后，需对模型进行检验。常用的检验方法是比较模型的剖面迹线图与实际岩体暴露面的迹线图，当然，这个剖面的产状最好和实际暴露面的产状一致。如果这两个迹线图上的结构面分布特征比较一致，则可认为构建的 DFN 模型有效。如此一来造成了一个问题：这样的检验方法能否使得构建的 DFN 模型接近于真实情况？但这个问题难以解决，因为当前技术条件下从三维角度尚不能十分精准地弄清岩体结构面的空间分布，仍需对岩体离散结构面网络三维解构结果的有效性进行分析。

1.4 岩体离散结构面网络三维解构有效性

鉴于现实中无法直接确定裂隙岩体的结构特性，拟利用计算机仿真模拟，对岩体离散结构面网络三维解构的有效性进行分析。基于大型岩体工程实例，构建裂隙岩体 DFN 模型，并将其定义为案例 DFN 模型，在案例 DFN 模型内设置不同产状的虚拟测窗，再现不同测窗下结构面数据获取以及 DFN 模型构建等过程。第二批次构建的模型为二次构建 DFN 模型(Secondary Constructed Discrete Fracture Network，SCDFN)，称之为 SCDFN 模型。结合块体离散元技术，测量案例 DFN 模型与 SCDFN 模型的几何和力学参数，并检验案例 DFN 模型与 SCDFN 模型的相似性，阐述 DFN 法的有效性。

1.4.1 案例 DFN 模型

1)工程背景

铜坑矿位于中国广西河池市南丹县境内。铜坑矿矿区盛产锡、铅、锌、锑和铟，是我国重要有色金属生产基地之一。矿区内广泛露出中、上泥盆世地层及少量中、下石炭世地层；断裂构造较发育，主要有 NW 向的大厂断裂和 NE 向的黑水沟断裂；围岩蚀变主要类型为碳酸盐化、矽卡岩化、大理岩化等；矿化类型主要为矽卡岩型锌铜矿化、锡多金属硫化物型矿化和含银闪锌矿-方铅矿型矿化；矿体围岩主要为泥灰岩、钙质泥灰岩、泥页岩等；矿体为岩层分布或小角度穿层分布，与围岩呈类层状接触产出。

矿区地处云贵高原之东南缘，属丘陵—山地地貌，海拔标高为+710~+1008 m，相对高差一般为 100~150 m，最大高差为 298 m。地势沟谷纵横，切割强烈，地表水系不发育。矿区属亚热带季风山地气候，冬无严寒流、夏无酷暑，年平均气温 17 ℃，霜冻极少。矿区内雨量充沛，年降雨量 1200~1500 mm，每年 5~8 月份为雨季，偶降冰雹。该区地震一般属于小震，对区域稳定性影响不大。

锌多金属矿位于铜坑矿目前开采的 92 号矿体的东面，为主要含矽卡岩型锌铜矿的多金属隐伏矿床。现探明有 94、95、96 号等主要矿体，呈多层缓倾斜重叠产出，埋深为 300~850 m。本章选取铜坑锌多金属矿体 $3^{\#}$矿块作为研究对象(见图 1-2)，进行现场地质调查与室内岩石物理力学试验(见图 1-3)。调查得到的结构面数据如图 1-4 所示。

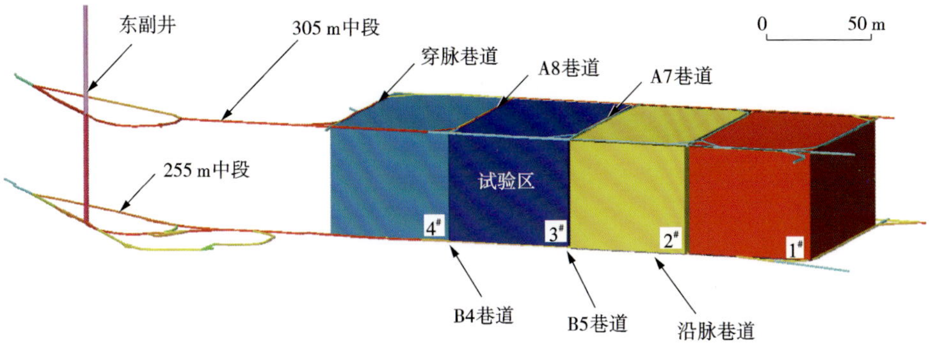

图 1-2　锌多金属矿体 3#矿块位置

(a) 结构面调查

(b) 压坏的岩石抗压试件[46]

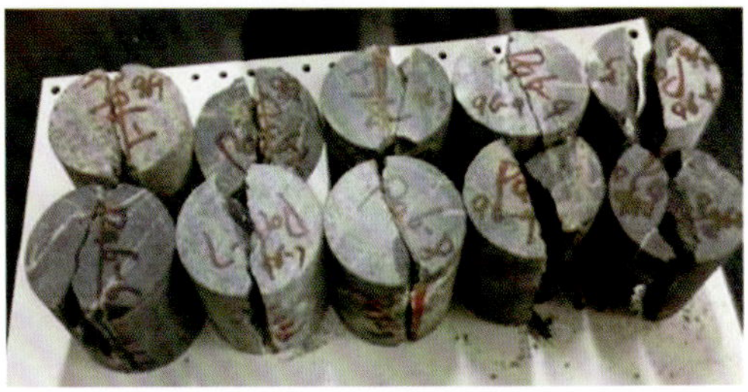

(c) 压坏的岩石抗拉试件[46]

图 1-3　现场地质调查和室内试验

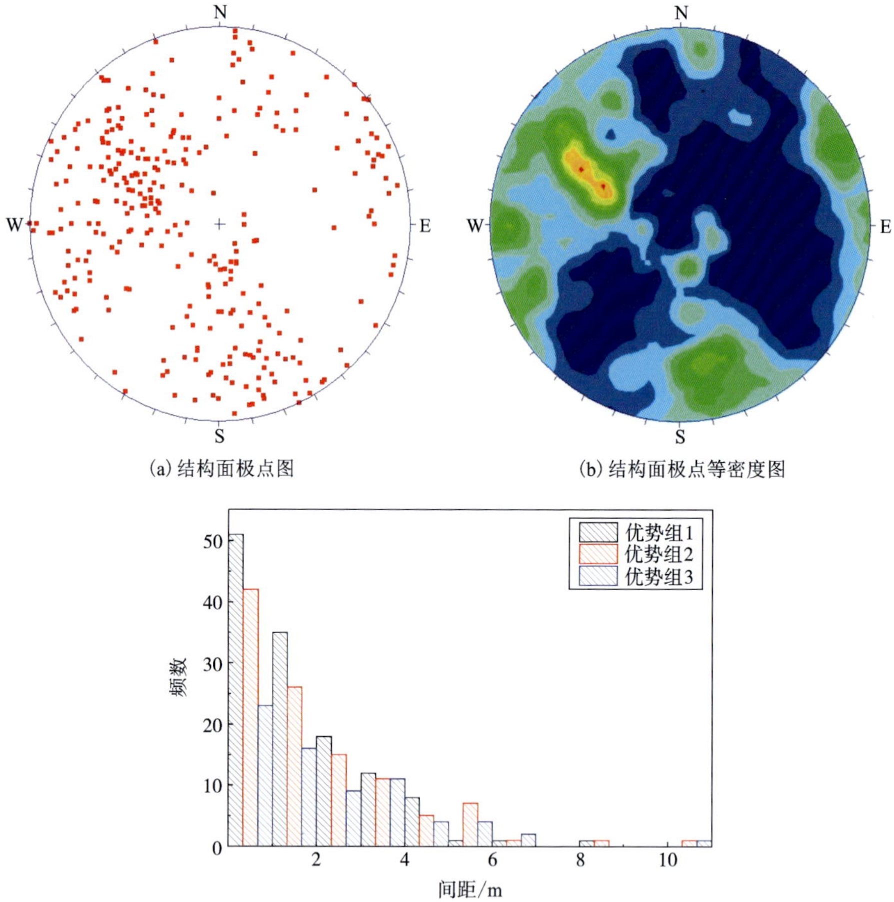

(a) 结构面极点图
(b) 结构面极点等密度图
(c) 结构面间距直方图

图 1-4　矿块内结构面数据

由图 1-4 可知，3#矿块结构面倾角大部分为中等倾角和陡倾角，倾向上大多以 NW、ENE 和 SSE 向为主。

2) 锌多金属矿体 3#矿块 DFN 模型

利用测线法收集 3#矿块中巷道裂隙数据。由于 3#矿块中纵横交错的巷道提供了不同方向的暴露面，所以收集的裂隙数据可以在一定程度上避免方向误差的影响。另外，由于巷道尺寸的限制，大多数裂隙的全迹长无法被直接测量，存在删改误差。

Han 等[48]提出了小样本(例如岩石巷道)下的 DFN 构建方法，能够有效消除小样本删改误差的影响。本章采用该方法构建 DFN 模型，如图 1-5 所示。

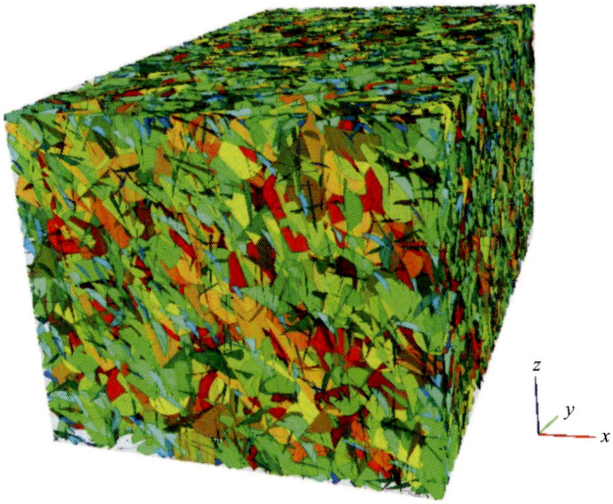

图 1-5　锌多金属矿体 3#矿块 DFN 模型(60 m × 100 m × 50 m)

3#矿块 DFN 模型输入参数见表 1-3。

表 1-3　锌多金属矿体 3#矿块 DFN 模型构建输入参数

结构面组号	1	2	3
裂隙半径分布形式	常态分布	常态分布	对数正态分布
裂隙半径均值/m	1.5120	1.5395	1.6068
产状分布形式/m	Fisher	Fisher	Fisher
产状 Fisher 参数 κ	9.5019	5.4243	10.4184
平均倾向/(°)	124	0	69
平均倾角/(°)	56	49	89
裂隙三维密度/(条・m^{-3})	0.0322	0.035	0.0429

图 1-6 为真实的裂隙迹线图(取自矿块的沿脉巷道段，长 60 m，高 3 m)以及模型中对应位置的切割迹线图。

对比图 1-6(a)和图 1-6(b)可以看出，两个迹线图的裂隙迹线几何特征相似度较高。另外，计算真实的裂隙迹线图的 P20 和 P21 分别为 0.2778 条/m^2 和 1.1489 m/m^2，模型中对应位置的切割迹线图的 P20 和 P21 分别为 0.2611 条/m^2 和 1.0566 m/m^2，说明构建的 DFN 模型符合实际情况。

(a) 真实迹线图 (60 m×3 m)

(b) DFN 模型截面图 (60 m×3 m)

图 1-6　DFN 模型图形验证

1.4.2　虚拟测窗设置及数据提取

将图 1-6 所示的 3#矿块 DFN 模型定义为案例 DFN 模型，在考虑测窗产状变化的基础上，阐述 DFN 法的有效性。测窗的形状一般为矩形或者圆形，圆形测窗的优点是能够在估算结构面平均迹长时避免方向误差的影响，但是，在工程实际中圆形测窗运用不方便。因此，矩形测窗更为常用。

本章选取矩形测窗来收集裂隙数据。考虑到测窗的尺寸应该足够大，设定虚拟测窗的高为 27 m，宽为 40 m，倾角为 90°，走向为 0°；测窗中心位于(0，0，0)，即 DFN 模型的几何中心(见图 1-7)。

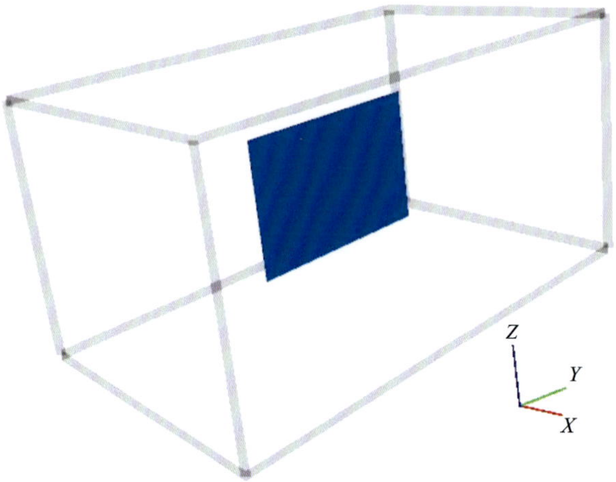

图 1-7　矩形测窗及其位置

为模拟不同方向的测窗，固定测窗的位置与方向不变，将 DFN 模型旋转 $\Delta\alpha$ 和 $\Delta\beta$(分别为模型在倾向和倾角方向上旋转的角度)。旋转 DFN 模型时，DFN 模型中所有结构面的位置及产状都会发生改变，而结构面尺寸不改变。即可以通过改变结构面的位置及产状来实现 DFN 模型的旋转。

具体的 DFN 模型旋转方法如下：

第一步，旋转 DFN 模型中所有结构面的中心点；

第二步，旋转 DFN 模型中所有结构面的产状。

1）结构面中心点的旋转

DFN 模型中心点坐标为(0，0，0)，模型围绕该中心点旋转。令模型倾向上旋转 $\Delta\alpha$，在倾角方向上旋转 $\Delta\beta$，其中 $\Delta\alpha$ 为 0°～360°范围，$\Delta\beta$ 为 0°～90°范围。结构面中心点的旋转是在球坐标系下实现的。所以，地质坐标系下结构面中心点围绕 DFN 模型中心点旋转 $\Delta\alpha$ 与 $\Delta\beta$；对应地，球坐标系下结构面中心点就是围绕 DFN 模型中心点旋转 $\Delta\alpha_1$ 和 $\Delta\beta_1$。

$\Delta\alpha$ 和 $\Delta\beta$ 与 $\Delta\alpha_1$ 和 $\Delta\beta_1$ 的关系式为

$$\begin{cases}\Delta\alpha=-\Delta\alpha_1\\ \Delta\beta=\Delta\beta_1\end{cases} \tag{1-1}$$

令一条结构面的中心点为(x_1, y_1, z_1)，围绕 DFN 模型中心点旋转 $\Delta\alpha_1/\Delta\beta_1$ 后（球坐标系），旋转后的结构面中心点为(x_2, y_2, z_2)。(x_1, y_1, z_1)与 $\Delta\alpha_1$ 和 $\Delta\beta_1$ 都是已知的，那么要确定(x_2, y_2, z_2)，可以通过旋转矩阵 $\boldsymbol{A}$ 求得，计算式为

$$\begin{bmatrix}x_2\\ y_2\\ z_2\end{bmatrix}=\boldsymbol{A}\cdot\begin{bmatrix}x_1\\ y_1\\ z_1\end{bmatrix} \tag{1-2}$$

式(1-2)中，矩阵 $\boldsymbol{A}$ 为

$$\boldsymbol{A}=\begin{bmatrix}\cos\beta_1\cdot\cos\alpha_1 & -\sin\alpha_1 & \sin\beta_1\cdot\cos\alpha_1\\ \cos\beta_1\cdot\sin\alpha_1 & \cos\alpha_1 & \sin\beta_1\cdot\sin\alpha_1\\ -\sin\beta_1 & 0 & \cos\beta_1\end{bmatrix} \tag{1-3}$$

通过式(1-2)和式(1-3)，可得到旋转后的结构面中心点为(x_2, y_2, z_2)。

2）结构面产状的旋转

DFN 模型旋转 $\Delta\alpha_1$ 和 $\Delta\beta_1$ 后（球坐标系），结构面的产状会发生改变。令结构面的原产状为(α, β)，那么球坐标下结构面产状为(α_1, β_1)。(α, β)与(α_1, β_1)的关系为

$$\alpha_1=\begin{cases}\dfrac{\pi}{2}-\alpha & \left(\alpha\leqslant\dfrac{\pi}{2}\right)\\ \dfrac{5\pi}{2}-\alpha & \left(\alpha>\dfrac{\pi}{2}\right)\end{cases} \tag{1-4}$$

$$\beta_1=\beta \tag{1-5}$$

要实现结构面产状的旋转，需将结构面产状化为直角坐标形式。令结构面产状的直角坐标形式为(x_m，y_m，z_m)，那么(x_m，y_m，z_m)可以表示为

$$\begin{cases} x_m = \cos\alpha_1 \cdot \sin\beta_1 \\ y_m = \sin\alpha_1 \cdot \sin\beta_1 \\ z_m = \cos\beta_1 \end{cases} \tag{1-6}$$

令 DFN 模型旋转 $\Delta\alpha_1$ 和 $\Delta\beta_1$ 后的结构面产状直角坐标形式为(x_{m1}，y_{m1}，z_{m1})，则(x_{m1}，y_{m1}，z_{m1})求解公式为

$$\begin{bmatrix} x_{m1} \\ y_{m1} \\ z_{m1} \end{bmatrix} = \boldsymbol{A} \cdot \begin{bmatrix} x_m \\ y_m \\ z_m \end{bmatrix} \tag{1-7}$$

求得(x_{m1}，y_{m1}，z_{m1})之后，需将其换算为球坐标系形式。

令 DFN 模型旋转 $\Delta\alpha_1$ 和 $\Delta\beta_1$ 后的结构面产状球坐标系形式为 α_{m1} 和 β_{m1}，α_{m1} 和 β_{m1} 的求解计算式为

$$\alpha_{m1} = \begin{cases} \arctan(y_{m1}/x_{m1}), & x_{m1}>0 \\ \arctan(y_{m1}/x_{m1})+\pi, & x_{m1}<0,\ y_{m1}\geqslant 0 \\ \arctan(y_{m1}/x_{m1})-\pi, & x_{m1}<0,\ y_{m1}<0 \\ \pi/2, & x_{m1}=0,\ y_{m1}>0 \\ -\pi/2, & x_{m1}=0,\ y_{m1}<0 \end{cases} \tag{1-8}$$

$$\beta_{m1} = \arccos(z_m) \tag{1-9}$$

求出 α_{m1} 和 β_{m1} 之后，可以通过式(1-4)和式(1-5)计算得到 DFN 模型的旋转 $\Delta\alpha_1$ 和 $\Delta\beta_1$ 后的结构面产状地质坐标系形式 α_m 和 β_m。

这种旋转方式使得取样测窗一定是垂直的，方便后续裂隙数据处理(后续采用的结构面数据处理方法需要求测窗为垂直)。例如，要实现模拟倾向为 120°∠60°的测窗，则需要将模型在倾向方向上转动 154°同时在倾角方向上转动 34°。

设置好虚拟测窗以后，结构面与测窗相交定会产生迹线。

图 1-8 为 $\Delta\alpha$ 和 $\Delta\beta$ 分别为 154°和 34°时，利用矩形测窗在案例 DFN 模型中提取得到的迹线图。

利用 3DEC，通过编制 Fish 命令流，输出那些与测窗相交的结构面信息，包括结构面视倾角、迹长、倾角、倾向及坐标等。下文将继续以模拟产状为 120°∠60°的测窗为例，说明结构面数据的处理过程及 DFN 模型二次构建，即 SCDFN(Secondary Constructed Discrete Fracture Network)模型。

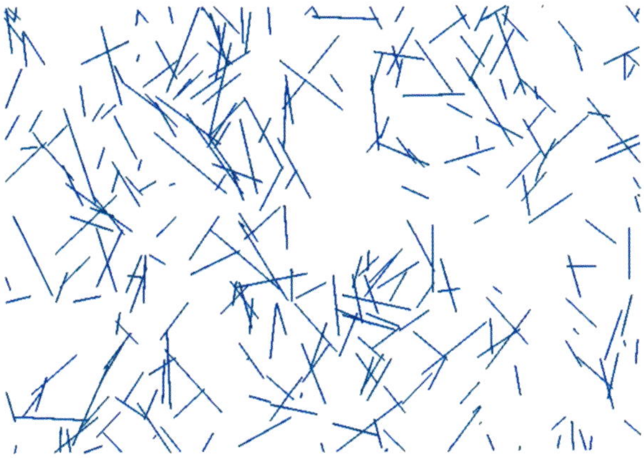

图 1-8　矩形测窗结构面迹线(40 m×27 m)

1.4.3　结构面数据

DFN 模型旋转一定角度后，垂直测窗提取的结构面数据中，迹长是真实的，而产状并不准确。对此，本章建立了一种结构面数据处理方法：首先，对这些数据进行处理，并构建 SCDFN 模型；然后，再将 SCDFN 模型旋转，即将该模型所有结构面恢复其原产状。在此基础上，对结构面进行分组，并估算结构面的平均真迹长、直径和三维密度。

1)结构面分组

利用 Fracture Grouping 程序[49]对裂隙进行分组，共得到 3 组裂隙，其平均产状分别为 281°∠88°，37°∠48°与 189°∠71°。一般来说，拟合裂隙产状数据最常用的函数是 Fisher 概率分布函数，因函数中只有一个参数 κ，这样使得数据拟合非常方便，也可直接用于后续 DFN 模型的建立。Fisher 概率分布函数为

$$f(\beta,\ \alpha)=\frac{\kappa\sin\beta e^{\kappa\cos\beta}}{4\pi\sin h(\kappa)} \tag{1-10}$$

2)结构面真迹长平均值估算

无论采用什么结构面取样方法，在测量结构面迹长时都不可避免地产生误差。文献[15]推荐了垂直矩形测窗下估算结构面平均迹长的方法，该方法能有效避免各种误差的影响，但是该方法较为复杂，难以求解。

本章推荐采用文献[17]提出的简化结构面平均迹长估算方法

$$\mu_1=\frac{wh}{wE\sin\varphi+hE(|\cos\varphi|)}\times\frac{N+N_0-N_2}{N-N_0+N_2} \tag{1-11}$$

式中：μ_1 为结构面真迹长平均值；w 为测窗宽；h 为测窗高；N 为结构面总数；

N_0 为两端均不可见的结构面数；N_2 为两端均可见的结构面数；φ 为结构面视倾角，其中 $E\sin\varphi$ 和 $E(|\cos\varphi|)$ 是在考虑测窗的方向偏差下推导而来的，具体求法见文献[17]。

另外，当测窗足够大的时候，可能出现 N_2 几乎等于 N 的情况。此时，根据式(1-11)求出的 μ_1 值接近于 0，完全不符合实际。因此，本章采用陈剑平等[50]的建议，当 N_0 为 0，N_1(测窗中一端可见的结构面数目)不为 0 且 N_2/N 大于 10%时，有

$$\mu_1=\frac{wh}{wE\sin\varphi+hE(|\cos\varphi|)}\times\frac{N+N_0-N_2}{N-N_0+N_2}+\mu_m \tag{1-12}$$

式中：μ_m 为测窗实测的结构面迹长平均值。

当 $N_0/N<10\%$，N_1/N 在(10%，40%)之间时，有

$$\mu_1=\frac{wh}{wE\sin\varphi+hE(|\cos\varphi|)}\times\frac{N+N_0-N_2}{N-N_0+N_2}+\frac{N_1}{N}\times\mu_m \tag{1-13}$$

当 $N_0/N<10\%$，$N_1/N>40\%$时，有

$$\mu_1=\frac{wh}{wE\sin\varphi+hE(|\cos\varphi|)}\times\frac{N+N_0-N_2}{N-N_0+N_2}+\left(1-\frac{N_1}{N}\right)\times\mu_m \tag{1-14}$$

当 $N_0/N>10\%$，但 $N_1/N<10\%$，则采用式(1-13)计算；当 $N_0/N>10\%$，且 $N_1/N>10\%$，则应该直接采用式(1-11)计算。

3)结构面直径分布估算

估算结构面直径的分布需先确定结构面真迹长的分布形式。当测窗足够大时，可以认为结构面真迹长与实测迹长的分布具有相同的变异系数[51]。结构面实测迹长的最优概率密度分布函数可基于极大似然估计算法和 Kolmogorov-Smirnov 检验确定(见文献[48])，然后求出对应的标准差及均值，继而求出变异系数，即

$$\frac{\sigma_1}{\mu_1}=\mathrm{COV}_1=\mathrm{COV}_m=\frac{\sigma_m}{\mu_m} \tag{1-15}$$

式中：μ_m 为实测结构面迹长均值；σ_m 和 σ_1 分别为实测结构面迹长与真实结构面迹长的标准差；COV_m 和 COV_1 分别为实测结构面迹长分布与真实结构面迹长分布的变异系数。

结构面真迹长的 μ_1 和 σ_1 确定之后，可基于文献[52]提出的方法估算结构面直径平均值 μ_D 和标准差 σ_D 最优结构面直径分布形式，见表 1-4 和表 1-5。

表 1-4 列举了 3 种结构面分布形式，根据 μ_1 和 σ_1 可计算 3 种分布形式下的 μ_D 和 σ_D。表 1-5 推导了最优结构面直径分布函数，当表 1-5 中第二列与第三列的差值越小时，说明假设的结构面直径分布情况越优。

表 1-4　结构面直径平均值 μ_D 和标准差 σ_D 计算

结构面直径分布形式	μ_D	σ_D^2
对数正态	$\dfrac{128\mu_1^3}{3\pi^3(\mu_1^2+\sigma_1^2)}$	$\dfrac{1536\pi^2(\mu_1^2+\sigma_1^2)\mu_1^4-128^2\mu_1^6}{9\pi^6(\mu_1^2+\sigma_1^2)^2}$
负指数	$\dfrac{2}{\pi}\mu_1$	$\left(\dfrac{2}{\pi}\mu_1\right)^2$
伽马	$\dfrac{64\mu_1^2-3\pi^2(\mu_1^2+\sigma_1^2)}{8\pi\mu_1}$	$\dfrac{[64(\mu_1^2-3\pi^2(\mu_1^2+\sigma_1^2)][3\pi^2(\mu_1^2+\sigma_1^2)-32\mu_1^2]}{64\pi^2\mu_1^2}$

表 1-5　最优结构面直径分布形式推算

结构面直径分布形式	结构面直径分布函数	结构面直径期待值
对数正态	$\dfrac{(\mu_D^2+\sigma_D^2)}{\sigma_D^8}$	$\dfrac{4El^3}{3El}$
负指数	$12\mu_D^2$	$\dfrac{4E(l^3)}{3E(l)}$
伽马	$\dfrac{(\mu_D^2+2\sigma_D^2)(\mu_D^2+3\sigma_D^2)}{\mu_D^2}$	$\dfrac{4E(l^3)}{3E(l)}$

4）结构面三维密度估算

结构面三维密度估算主要有两种途径：根据结构面一维密度（即线密度）估算；根据结构面二维密度（即面密度）估算。

由于本章结构面取样采用垂直测窗，所以运用面密度估算结构面三维密度。文献[15]提出了垂直测窗的结构面迹长二维密度估算方法，但该方法需要统计不同类型的结构面（即两端不可见、一端可见与两端可见 3 种类型）在测窗内出露的长度，以此推断迹线中点在测窗内出现的概率，整个过程实施较为麻烦。因此，本章采用 Mauldon[53] 提出的方法估算结构面迹长面密度（λ_a），即

$$\lambda_a=\frac{N_1+2N_2}{2wh} \tag{1-16}$$

该方法仅需要统计不同类型结构面迹长的数量，应用较为简便，也比较常用。计算得出测窗内结构面面密度后，可计算结构面三维密度（λ_v）[54]，计算式为

$$\lambda_v = \frac{E(\lambda_a)}{E(D)E(\sin\varphi)} \tag{1-17}$$

式中：$E(D)$为结构面直径平均值；$E(\sin\varphi)$的求法见文献[17]。

1.4.4　二次反演离散结构面网络模型

整理1.4.3节中初步得到的各种结构面几何概率分布参数，见表1-6。

利用表1-6中所列参数构建DFN模型，由于结构面分布参数在一定概率内的变化性与波动性，所构建的DFN模型有可能与实际情况不相符，需通过一系列的参数调整来使构建的DFN模型更加合理。在实际情况中，学者们通常利用试错法不断调整这些初步得到的结构面几何概率分布参数，使得模型中同样位置的截面上显示的迹线数据与真实迹线数据相差不多，此时则可认为调整后的DFN模型有效。

本章模仿这种校正方法原理，制定具体调整策略为：在SCDFN模型内设置一个同样的测窗，不断微调整裂隙直径、体密度、产状参数，“当案例DFN模型与SCDFN模型的测窗统计得到的P20和P21值差不多时”或“两个测窗下的迹线图内的迹线密集程度与主要发育方向差不多时”，可认为SCDFN模型比较合理可靠，如图1-9所示。

图1-9(a)所示的案例DFN模型下的测窗迹线图的P20为0.2796条/m^2，P21为0.6757 m/m^2；图1-10(b)所示的二次构建模型下的测窗迹线图的P20为0.2796条/m^2，P21为0.6686 m/m^2。两个迹线图的P20和P21值差不多，且迹线方向大致相同，可认为构建的SCDFN模型有效。

表1-7为调整过后的参数，初步计算得到的DFN模型如图1-10(a)所示，调整后的DFN模型如图1-11(b)所示。

表1-6　初步得到的结构面几何概率分布参数

裂隙组号	1	2	3
平均产状	281°∠88°	37°∠48°	189°∠71°
Fisher参数κ	7.5484	11.0273	7.6624
结构面直径分布函数形式	对数正态	对数正态	对数正态
μ_D/m	2.93	2.49	2.49
σ_D	1.63	1.02	1.39
λ_v/(条·m^{-3})	0.0302	0.0611	0.0543

表 1-7　调整后得到的结构面几何概率分布参数

裂隙组号	1	2	3
平均产状	281°∠88°	37°∠48°	189°∠71°
Fisher 参数 κ	7.5484	11.0273	7.6624
结构面直径分布函数形式	对数正态	对数正态	对数正态
μ_D/m	2.92	3.08	3.09
σ_D	1.26	1.00	1.16
λ_v/(条·m^{-3})	0.0201	0.0509	0.0408

(a) 案例DFN模型迹线图 (40 m×27 m)　　(b) SCDFN模型迹线图 (40 m×27 m)

图 1-9　两种模型的测窗迹线图比较

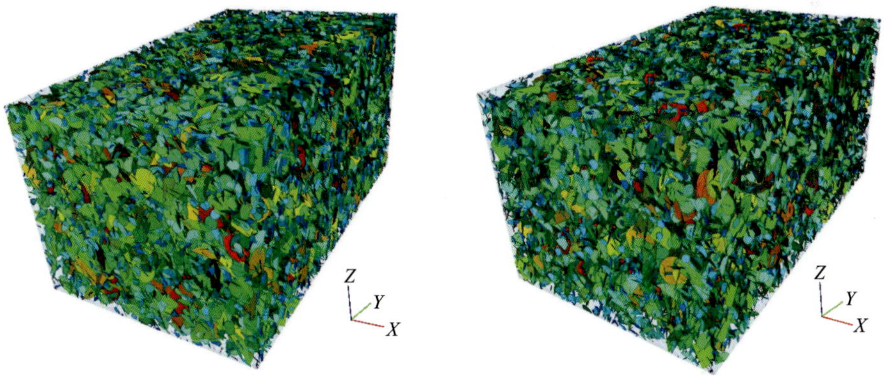

(a) 非真实产状 (60 m×100 m×50 m)　　(b) 真实产状 (60 m×100 m×50 m)

图 1-10　SCDFN 模型

1.4.5 模型几何与力学参数

1.4.5.1 模型 REV 确定方法

一般来说，利用数值模拟试验方法确定裂隙岩体的物理力学参数，需要先确定岩体表征单元体(Representative Elementary Volume，REV)[55]，即当岩体尺寸达到 REV 时，通过试验得到的岩体物理力学参数才是有效的，能够准确反映岩体的本质特性。另外，不同结构的岩体具有不一样的 REV，且即使是同一岩体，如果考虑的参数不同，得到的 REV 结果也不尽相同。

本章中由于构建的模型众多(包括案例 DFN 模型与 SCDFN 模型)，计算每个模型的 REV 是非常耗时的。考虑到 SCDFN 模型是由案例 DFN 模型的二维截面结构面信息反演构建得来的，因此本章只计算案例 DFN 模型的 REV。

1)案例 DFN 模型几何 REV 确定方法

由于结构面的存在，岩体实质上属于非连续介质，且具有很强的非均匀性和各向异性；但在同一岩体结构均质单元内，如果岩体尺寸达到了 REV 要求，则随着尺寸的增加，岩体的物理力学性质不会出现显著变化。在确定 REV 时，保持结构面发生范围不变，并在该范围内随机选取 5 个点；以这 5 个点为中心点，构建尺寸不断增大的 DFN 模型(见图 1-11)，计算这些模型物理力学参数值。

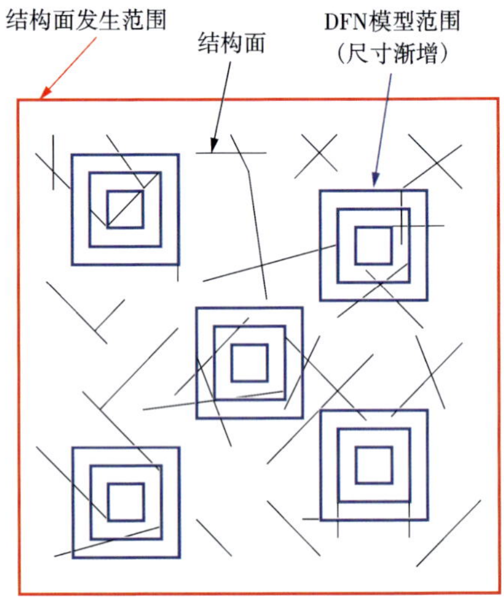

图 1-11 尺寸渐增的 DFN 模型示意

选取 P30 和 P32 值来确定岩体的几何 REV。因为这两个指标经常被用于量化表征岩体破碎程度；尤其是 P32，能够同时考虑结构面密度与结构面尺寸，是一个相当好的三维岩体块度自然特性表征指标[56]。

利用 3DEC 内嵌函数，计算这些体积渐增的 DFN 模型的 P30 和 P32 值，并求取每一模型尺寸下的均值，如图 1-12 所示。

由图 1-12 可粗略看出，当模型尺寸大于 20 m 时，随着模型尺寸的增加，5 个 P30 值及其均值趋于稳定，约为 0.15 条/m^3；当模型尺寸大于 10 m 时，随着模型尺寸的增加，5 个 P32 值及其均值只在小范围内波动，约为 1.02 m^2/m^3。

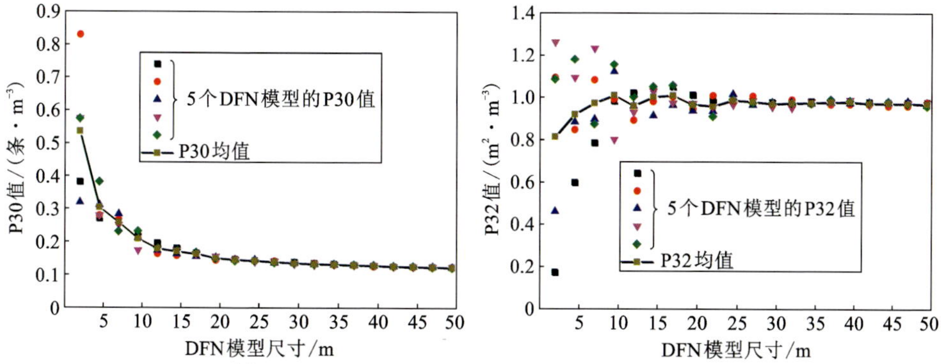

(a) P30　(b) P32

图 1-12　不同位置不同尺寸 DFN 模型的 P30 和 P32 值

2)案例 DFN 模型力学 REV 确定方法

以本节前述构建的尺寸递增的 DFN 模型为基础，结合 3DEC，构建 DFN-DEM 耦合模型。在 3DEC 中，岩块与结构面的物理力学参数需要预先确定。因此，通过大量的室内岩石力学试验，确定了模拟中采用的岩块与结构面物理力学参数，见表 1-6 和表 1-7。表 1-6 中，UCS 为岩块单轴抗压强度，σ_t 为岩块抗拉强度，E 为岩块弹性模量，μ 为岩块泊松比，C 为岩块内聚力，φ_r 为岩块内摩擦角。表 1-7 中，JKN 为结构面法向刚度，JKS 为结构面切向刚度，C_f 为结构面内聚力，φ_f 为结构面内摩擦角。采用 Mohr-Coulomb 弹塑性模型和 Coulomb 滑移模型分别描述岩石和结构面的变形破坏行为。

3DEC 模型岩块材料参数还要求输入岩石体积模量 K 与岩石剪切模量 G，这两个参数[44]的计算式为

$$K=\frac{E}{3(1-2\mu)} \tag{1-18}$$

$$G=\frac{E}{2(1+\mu)} \tag{1-19}$$

式中：E 为岩块弹性模量，Pa；μ 为泊松比。

利用 3DEC 生成裂隙岩体模型时，岩体中的结构面被设置为无限大，这注定了 3DEC 模型内的结构面要比 DFN 模型内的结构面大，显然不实际。为了解决这个问题，可将 3DEC 结构面分为两部分赋予结构面材料参数值：实际结构面范围内赋予表 1-7 中的参数值；实际结构面范围之外赋予另一套参数值，使得这部分裂隙在模拟过程中表现得像岩石一样，即为虚拟结构面，如图 1-13 所示。

由图 1-13 可以看出，3DEC 模型中实际结构面范围边界不太规则，只是近似

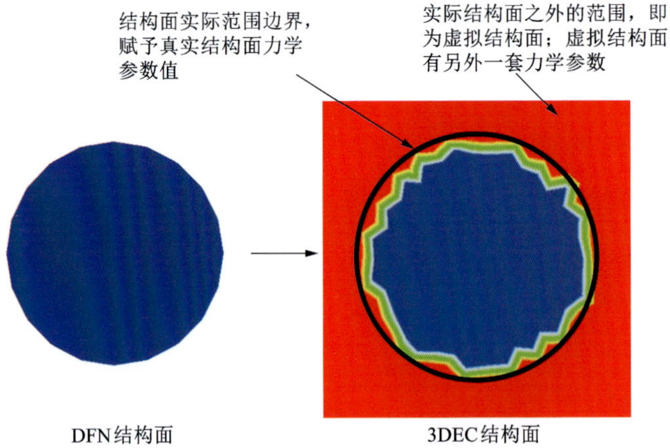

图 1-13　DFN 结构面与 3DEC 结构面图示

一个圆形。这个范围的形状与划分网格的大小有关，网格尺寸越小，这个范围边界就越接近圆形。但网格尺寸越小，则模拟耗时越长。根据文献[57]，网格尺寸约为结构面直径的 0.1 倍时，可保证实际结构面范围边界接近于圆盘形，模拟效果也较好。

此外，还需确定虚拟结构面的物理力学参数值。根据 Kulatilake 等[58]的研究，虚拟结构面物理力学参数取值原则为：虚拟结构面强度参数与完整岩块一致；岩块的剪切模量与虚拟结构面的切向刚度比值(G/JKS_1)为 0.008~0.012；虚拟结构面的法向刚度与切向刚度的比值(JKN_1/JKS_1)为 2~3；其余虚拟结构面物理力学参数和岩石物理力学参数一致。基于此方法，计算得到虚拟结构面的物理力学参数，见表 1-8。表 1-8 中，JKN_1 为虚拟结构面法向刚度，JKS_1 为虚拟结构面切向刚度，C_{f1} 为虚拟结构面内聚力，φ_{f1} 为虚拟结构面内摩擦角，σ_{tf1} 为虚拟结构面抗拉强度。

表 1-8　岩块力学参数值

密度/(kg·m^{-3})	UCS/Pa	σ_t/Pa	E/Pa	μ	C/Pa	φ_r/(°)
2950	1.04×10^8	4.7×10^6	5.57×10^{10}	0.14	1.66×10^7	51.34

表 1-9　结构面力学参数值

JKN/Pa	JKS/Pa	C_f	φ_f
2.72×10^{10}	3.43×10^9	2.11×10^5	38.85

表 1-10　虚拟结构面力学参数值

JKN_1/Pa	JKS_1/Pa	C_{f1}	φ_{f1}	σ_{tf1}/Pa
6.11×10^{12}	2.39×10^{12}	1.66×10^{7}	51.34	4.7×10^{6}

确定所需输入参数之后，构建位置不同、尺寸递增的 DFN-DEM 模型，如图 1-14 所示。基于该试验方案与思路，开展垂直向单轴压缩试验：每个模型的下表面设置为固定边界(即速度为 0)，每个模型的上表面施加速度边界条件，为 0.05 m/s；在每个模型的上表面设置 5 个监测点，监测模型上表面在试验过程中的垂直方向位移及应力，并计算岩体单轴抗压强度值 UCS_R 与弹性模量值 E_R。此外，当随着模型尺寸的增加，结构面越来越多，造成岩体结构十分复杂，程序易出现意外错误或内存溢出等问题。还发现，当构建的 DFN-DEM 模型的尺寸大于 20 m 时，直接进行单轴压缩试验非常耗时，且经常出现划分网格不成功的问题。对此，采取 Kulatilake 等[59]提出的办法解决该问题。

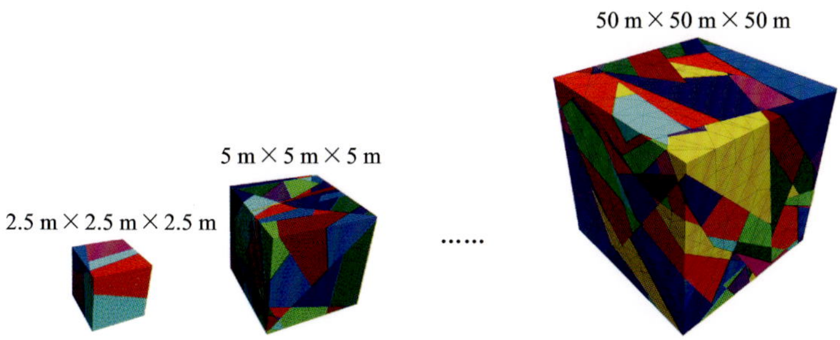

图 1-14　尺寸递增的 DFN-DEM 模型

图 1-15 展示了案例 DFN-DEM 模型的力学参数模拟测试结果。

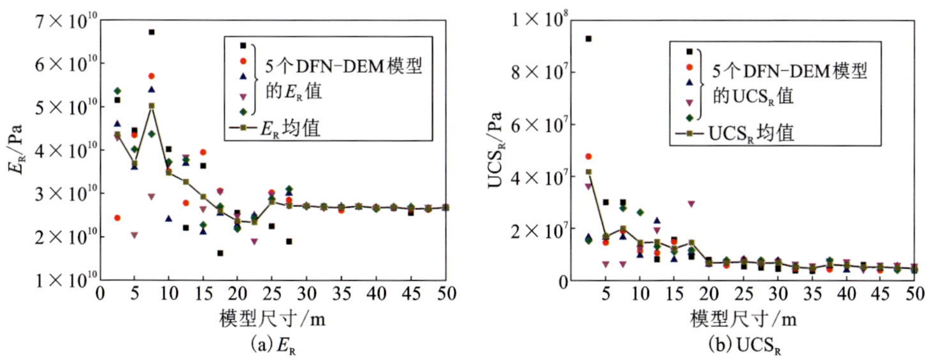

图 1-15　不同位置不同尺寸 DFN-DEM 模型的 E_R 与 UCS_R

从图 1-15(a)可以看出，当模型尺寸达到 30 m 以上时，5 个 E_R 值及其均值几乎相同，且不再剧烈变化，约为 2.7×10^{10} Pa；从图 1-16(b)可以看出，当模型尺寸达到 20 m 以上时，5 个 UCS_R 值及其均值几乎一致，且仅在小范围内波动，约为 6.51×10^{6} Pa。因此，综合裂隙岩体的 E_R 值与 UCS_R 值，确定案例模型的 REV 为 30 m。

1.4.5.2 SCDFN-DEM 模型几何与物理力学参数确定方法

确定统一的 REV 尺寸之后，构建大量尺寸为 30 m×30 m×30 m 的 SCDFN 模型与 SCDFN-DEM 模型(30 m 为 REV 尺寸大小)。选取不同产状的测窗，各测窗产状参数在极坐标内的表达如图 1-16 所示。

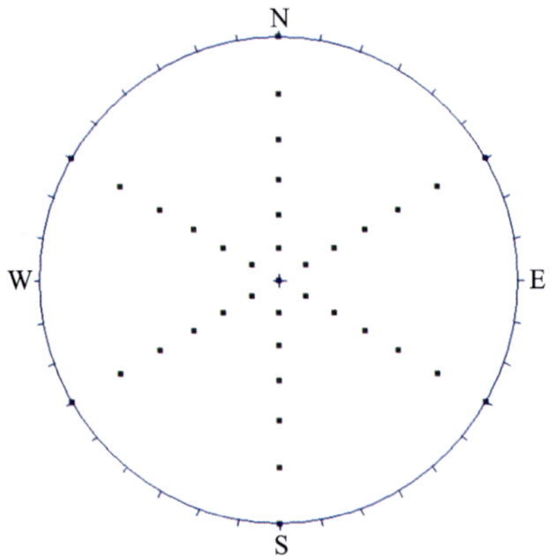

图 1-16 虚拟测窗产状

图 1-16 中，极点代表测窗的产状，倾角以 15°为间隔，可取 7 个值；倾向以 60°为间隔，可取 6 个值。因此，一共在案例 DFN 模型中选取了 42 个不同产状的测窗面，反演构建了 42 个 SCDFN 模型。在构建 SCDFN 模型过程中，需要在 SCDFN 模型中提取与测窗产状相同的二维迹线图，并与案例模型的测窗迹线图进行定性与定量比较，验证 SCDFN 模型的效果(如效果不够好，则需调整输入参数)。定性比较方式为视觉比较，如图 1-10 所示；定量比较方式为比较两种模型迹线图的 P20 值与 P21 值。42 个 SCDFN 模型的相应迹线图的 P20 值与 P21 值，如图 1-17 所示。

图 1-17 中，模型编号“1, 2, …, 7, 8, …, 42”指的是虚拟测窗产状为“0°∠0°, 0°∠15°, …, 0°∠90°, 60°∠0°, …, 300°∠90°”。另外，由图 1-17 可知，案例 DFN 模型与 SCDFN 模型迹线图的 P20 值与 P21 值较为接近，常规意义上可认为构建的 SCDFN 模型真实有效。

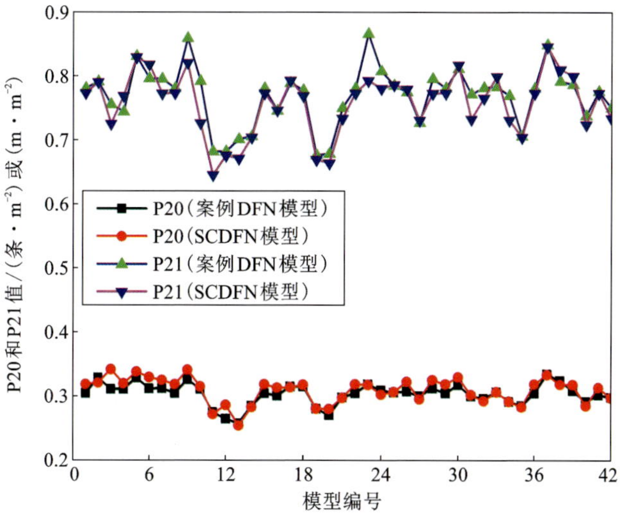

图 1-17　案例 DFN 模型与 SCDFN 模型的迹线图定量比较

1.4.6　解构有效性

42 个 SCDFN 模型的优势结构面组中心产状如图 1-18 所示。

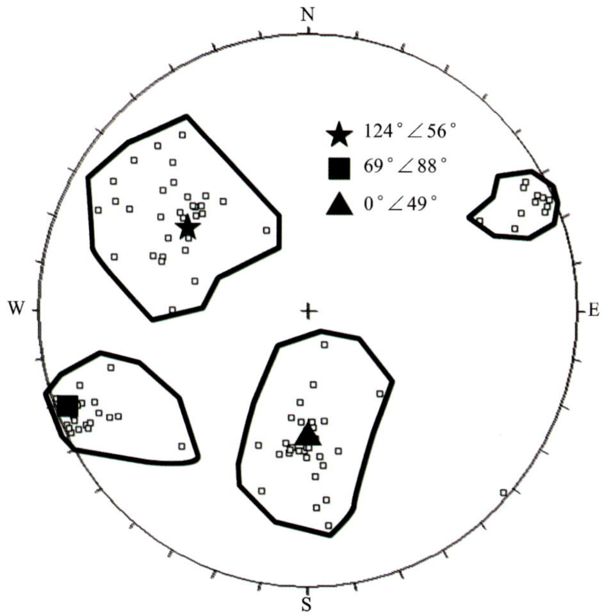

图 1-18　SCDFN 模型的优势结构面组中心产状

图 1-18 中 3 个不同形状符号代表了案例 DFN 模型的优势结构面组中心产状。图 1-18 表明测窗产状不同，会对(后续 SCDFN 模型建立过程中)各组优势结构面产状的确定有影响，这毫无疑问是受到了取样偏差的影响。并且，对倾角接近 90°的优势结构面组，其组中心的识别可能出现这样一种变化：SCDFN 模型的优势结构面组倾向与案例 DFN 模型相差 180°。但可以看出，相当大一部分极点都非常接近于案例 DFN 模型的优势组产状极点，说明尽管测窗产状不同，但大多都能“捕捉”到研究区域结构面在产状上的主要发育特征，只是会有不同程度的偏差。

对 P30、P32、E_R 和 UCS_R 值的统计分析结果分别如图 1-19 所示。

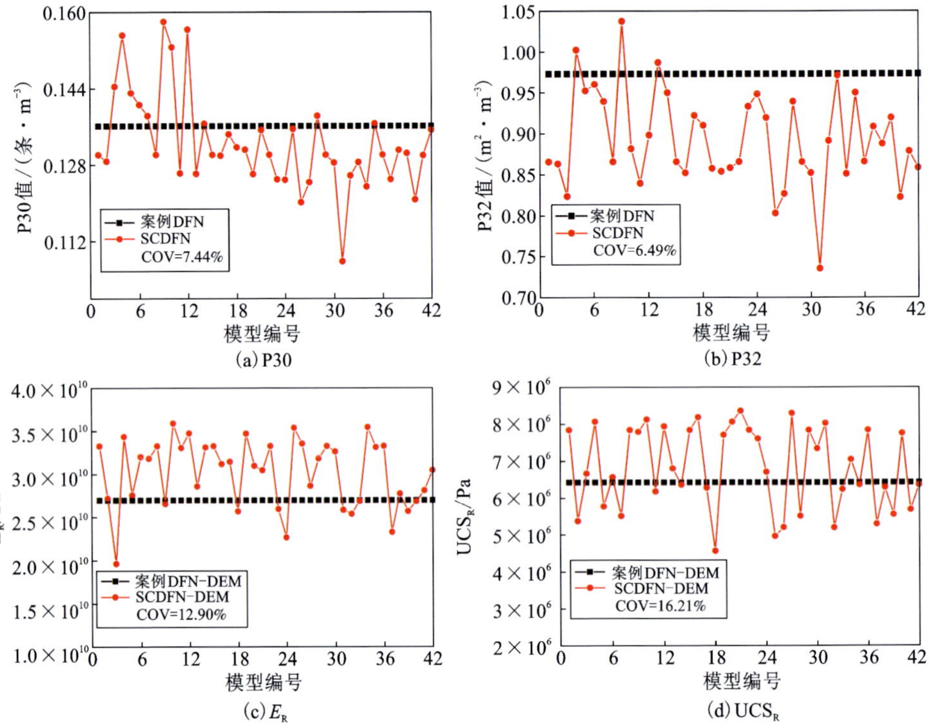

图 1-19　42 个 SCDFN(或 SCDFN-DEM)模型及案例 DFN (或案例 DFN-DEM)模型的 P30、P32、E_R 和 UCS_R 值

由图 1-19 可知，SCDFN 模型的 P30 与 P32 值的波动性不是很大，变异系数 COV 分别为 7.44%与 6.49%，且 P30 与 P32 值均值也非常接近于案例 DFN 模型的 P30 与 P32 值。42 个 SCDFN-DEM 模型的 E_R 和 UCS_R 值波动性则稍大，COV 分别为 12.90%和 16.21%，但 E_R 和 UCS_R 的均值与案例 DFN 模型 E_R 和 UCS_R 值

较为接近。另外，利用相对误差评价 SCDFN 与案例 DFN 模型的 P30、P32、E_R 和 UCS_R 值的接近程度，如图 1-20 所示。

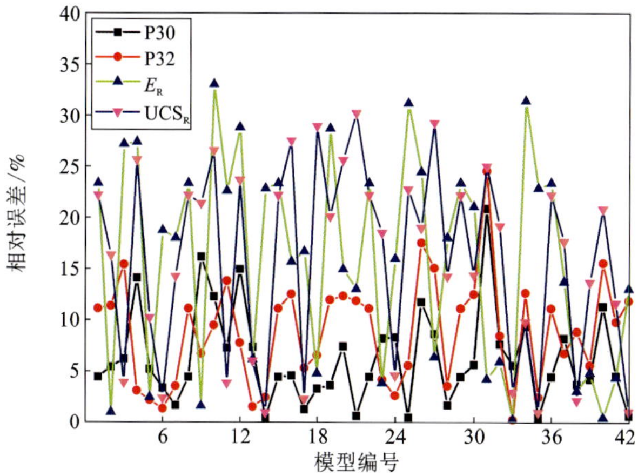

图 1-20　P30、P32、E_R 与 UCS_R 值的相对误差

相对误差(Relative Error, R. E.)表达式为

$$\text{R. E.} = \left|\frac{M-T}{T}\right| \times 100\% \qquad (1-20)$$

式中：T 为案例 DFN 模型数据；M 为 SCDFN 模型数据。

当相对误差小于 30%时，可认为两类数据吻合程度较好[60]。由图 1-20 可知，几何参数之间的相对误差都小于 30%，甚至大部分几何参数之间的相对误差未超过 15%。这说明从结构角度看，SCDFN 模型能够准确反演表征案例 DFN 模型的岩体结构面发育情况。而对于力学参数，情况则稍差：少数 SCDFN 模型与案例 DFN 模型的 E_R 和 UCS_R 值的相对误差都接近 30%甚至超过了 30%，不过大多数还是维持在 30%以下。

不同产状的测窗下，DFN 法能够较好地反映原位岩体的结构特性，在允许一定误差的情况下，构建的 SCDFN 模型在岩体结构方面能够完全适用于原位岩体系统的工作。从力学角度来看，大部分的 SCDFN-DEM 模型的力学参数与案例 DFN 模型较为接近，少部分则相差得比较远。这可归因于：岩体的力学性质是受岩体结构控制的，任何岩体结构上的差异都可能引起力学特性的不同，岩体结构和岩体物理力学性质之间存在着一种“牵一发而动全身”的关系。因此，当需要利用 DFN 法进行岩体力学行为分析时，还需具备足够的警惕性，力求在岩体结构上做到与原位岩体结构相近。

随着测窗产状的变化，SCDFN 模型的几何和力学参数都没有显现出一定的规律性，这说明如果原位岩体结构面的产状是相对随机的、各异的，而不是类似于层状岩体，测窗产状的变化并不显著影响 DFN 法表征岩体结构的效果。

参考文献

[1] CHEN Q F, YIN T C, JIA H Y. Selection of optimal threshold of generalised rock quality designation based on modified blockiness index[J]. Advances in Civil Engineering, 2019, 9(3): 1-11.

[2] BAECHER G B, EINSTEIN H H, LANNEY N A. Statistical description of rock properties and sampling[J]. 18th US Symposium on Rock Mechanics, 1977: 1-8.

[3] SONG J J. Estimation of a joint diameter distribution by an implicit scheme and interpolation technique[J]. International Journal of Rock Mechanics and Mining Sciences, 2005, 43(4): 512-519.

[4] ROBERTSON A M. The interpretation of geological factors for use in slope theory[C]//In: Planning Open Pit Mines, Cape Town, South Africa, 1970: 415-425.

[5] LEI Q H, LATHAM J P, TSANG C F. The use of discrete fracture networks for modelling coupledgeomechanical and hydrological behaviour of fractured rocks[J]. Computers and Geotechnics, 2017, 85(1): 151-176.

[6] ISRM. Suggested methods for the quantitative description of discontinuities in rock masses[J]. International Journal of Rock Mechanics and Mining Sciences and Geomechanics Abstract, 1978, 15(1): 319-368.

[7] BANDPEY A K, SHAHRIAR K, SHARIFZADEH M, et al. Validation of 3D discrete fracture network model focusing on areal sampling methods: a case study on the powerhouse cavern of Rudbar Lorestan pumped storage power plant, Iran[J]. Geomechanics and Engineering, 2018, 16(1): 21-34.

[8] BIENIAWSKI Z T. Engineering classification of jointed rock masses[J]. Transactions of the South African Institution of Civil Engineers, 1973, 15(12): 335-344.

[9] DERSHOWITZ W, DOE T, UCHIDA M, et al. Correlations between fracture size, transmissivity, and aperture[C]//In: Proceedings of the 12th Panamerican Conference on Soil Mechanics and Geotechnical Engineering, 39th US Rock Mechanics Symposium, Cambridge, 2003: 887-891.

[10] ZHENG J, DENG J H, YANG X J, et al. An improved Monte Carlo simulation method for discontinuity orientations based on Fisher distribution and its program implementation[J]. Computers and Geotechnics, 2014, 61(1): 266-276.

[11] PRIEST S D, HUDSON J A. Discontinuity spacings in rock. International Journal of Rock Mechanics and Mining Sciences and Geomechanics Abstract, 1976, 13(1): 135-148.

[12] SONG J J, LEE C I, SETO M. Stability analysis of rock blocks around a tunnel using a statistical joint modeling technique[J]. Tunnelling and Underground Space Technology, 2001,

16(4)：341-351.

[13] ZHANG L Y, DING X B. Variance of non-parametric rock fracture mean trace length estimator [J]. International Journal of Rock Mechanics and Mining Sciences, 2010, 47(3)：1222-1228.

[14] KULATILAKE P H S W, WU T H. Sampling bias on orientation of discontinuities [J]. Rock Mechanics and Rock Engineering, 1984, 17(4)：243-253.

[15] KULATILAKE P H S W, WU T H. Estimation of mean trace length of discontinuities [J]. Rock Mechanics and Rock Engineering, 1984, 17(4)：215-232.

[16] KULATILAKE P H S W, WU T H. The density of discontinuity traces in sampling window [J]. International Journal of Rock Mechanics and Mining Sciences and Geomechanics Abstract, 1984, 21(6)：345-347.

[17] WU Q, KULATILAKE P H S W, TANG H M. Comparison of rock discontinuity mean trace length and density estimation methods using discontinuity data from an outcrop in Wenchuan area, China[J]. Computers and Geotechnics, 2011, 38(1)：258-268.

[18] SHANG J, HENCHER S R, WEST L J, et al. Forensic excavation of rock masses：a technique to investigate discontinuity persistence[J]. Rock Mechanics and Rock Engineering, 50(11)：2911-2928.

[19] GRANDJEAN G, GOURRY J C. GPR data processing for 3D fracture mapping in a marble quarry[J]. Journal of Applied Geophysics, 1996, 36(1)：19-30.

[20] LONGONI L, AROSIO D, SCAIONI M, et al. Surface and subsurface non - invasive investigations to improve the characterization of a fractured rock mass[J]. Journal of Geophysics and Engineering, 2012, 9(5)：461-472.

[21] SHANG J, WEST L J, HENCHER S R, et al. Geological discontinuity persistence：implications and quantification[J]. Engineering Geology, 2018, 241(2)：41-54.

[22] 陈庆发，古德生. 地下矿山岩体结构解构理论方法及应用[M]. 长沙：中南大学出版社，2016.

[23] MARTIN HEIDEGGER. Being and Time, translated by J. macquarrie and E. Robinson [M]. Basil Blackwell Publisher Ltd, Oxford, 1985.

[24] JACQUES DERRIDA. Positions [M]. Chicago：University of Chicago Press, 1981.

[25] 陈庆发，赵有明，陈德炎，等. 采场内结构体解算及其稳定性计算[J]. 岩土力学，2013，34(7)：2051- 2058.

[26] 陈庆发，牛文静. 矿柱结构体解构及其稳定性计算[J]. 采矿与安全工程学报，2016，33(2)：284-289+296.

[27] 陈庆发，陈德炎，赵有明，等. 地下矿山危险块体的自动搜索及系统显现[J]. 岩土力学，2013，34(3)：791-796.

[28] 陈庆发，牛文静. 采场结构体回采可移动性分析[J]. 岩土力学，2016，37(5)：1458-1466.

[29] 陈庆发，牛文静，郑文师，等. 崩落法回采过程巷道顶板危险区域确定的解构法和数值模拟法[J]. 中国有色金属学报，2017，27(5)：1006-1015.

[30] GOODMAN R E, SHI G H. Block theory and its application to rock engineering[M]. New York: Prentice Hall, 1985.

[31] 于青春, 陈德基, 薛果夫, 等. 裂隙岩体一般块体理论初步[J]. 水文地质工程地质, 2005(06): 42-48.

[32] LORIG L J, DARCEL C, DAMJANAC B, et al. Application of discrete fracture networks in mining and civil geomechanics[J]. Mining Technology, 2015, 124(4): 239-254.

[33] BEAR J. Dynamics of fluids in porous media[M]. USA: Courier Dover Publications, 1972.

[34] DERSHOWITZ W S, EINSTEIN H H. Characterizing rock joint geometry with joint system models[J]. Rock Mechanics and Rock Engineering, 1988, 21(1): 21-51.

[35] MAYER J M, HAMDI P, STEAD D. A modified discrete fracture network approach forgeomechanical simulation [C]//In: International Discrete Fracture Network Engineering Conference. Vancouver, Canada, 2014.

[36] LEI Q H, GAO K. Correlation between fracture network properties and stress variability in geological media[J]. Geophysical Research Letters, 2018, 45(9): 3994-4006.

[37] CHEN Q F, YIN T C, NIU W J, et al. Study of the geometrical size effect of a fractured rock mass based on the modifiedblockiness evaluation method[J]. Arabian Journal of Geoscience 2018, 11(11): 286-235.

[38] FARAHMAND K, VAZAIOS I, DIEDERICHS M S, et al. Investigating the scale-dependency of the geometrical and mechanical properties of a moderately jointed rock using a synthetic rock mass (SRM) approach[J]. Computers and Geotechnics, 2018, 95(2): 162-179.

[39] ZHANG W, CHEN J P, CAO Z X, et al. Size effect of RQD and generalized representative volume elements: a case study on an underground excavation in Baihetan dam, Southwest China [J]. Tunnelling and Underground Space Technology, 2013, 35(2): 89-98.

[40] CHEN Q F, YIN T C. Should the Use of Rock Quality Designation Be Discontinued in the Rock Mass RatingSystem? [J]. Rock Mechanics and Rock Engineering, 2019, 52 (4): 1075-1094.

[41] CHEN Q F, YIN T C, JIA H Y. Selection of optimal threshold of generalised rock quality designation based on modified blockiness index[J]. Advances in Civil Engineering, 2019, 9 (9): 1-11.

[42] XIONG F, JIANG Q H, XU C S, et al. Influences of connectivity and conductivity on nonlinear flow behaviours through three - dimension discrete fracture networks [J]. Computers and Geotechnics, 2019, 107(2): 128-141.

[43] WANG S H, NI P P, GUO M D. Spatial characterization of joint planes and stability analysis of tunnel blocks [J]. Tunnelling and Underground Space and Technology, 2013, 38 (3): 357-367.

[44] 吴琼. 复杂节理岩体力学参数尺寸效应及工程应用研究[D]. 武汉: 中国地质大学, 2012.

[45] ZHU H H, ZUO Y L, LI X J, et al. Estimation of the fracture diameter distributions using the maximum entropy principle [J]. International Journal of Rock Mechanics and Mining

Sciences, 2014, 72(2): 127-137.
[46] 毛建华. 锌多金属矿深部岩石力学与地压研究[R]. 长沙: 长沙矿山研究院有限责任公司, 2012.
[47] LI Y Y, WANG Q, CHEN J P, et al. Determination of structural domain boundaries in jointed rock masses: an example from the Songta dam site, China[J]. Journal of Structural Geology, 2014, 69(3): 179-188.
[48] HAN X D, CHEN J P, WANG Q, et al. A 3D fracture network model for the undisturbed rock mass at the songta dam site based on small samples[J]. Rock Mechanics and Rock Engineering, 2016, 49(3): 611-619.
[49] YU Q. Analysis for fluid flow and solute transport in discrete fracturenetwork[D]. Kyoto University, Kyoto, Japan, 2000.
[50] 陈剑平, 吴源, 尚晓春. 取样窗口迹长均值估计方法的讨论[J]. 工程地质学报, 2001, (3): 302-307.
[51] ZHANG L Y, EINSTEIN H H. Estimating the intensity of rock discontinuities[J]. International Journal of Rock Mechanics and Mining Sciences, 2000, 37(5): 819-837.
[52] VILLAESCUSA E, BROWN E T. Maximum likelihood estimation of joint size from trace length measurements[J]. Rock Mechanics and Rock Engineering, 1992, 25(2): 67-87.
[53] MAULDON M. Estimating mean fracture trace length and density from observations in convex windows[J]. Rock Mechanics and Rock Engineering, 1998, 31(2): 201-216.
[54] KULATILAKE P H S W, WATHUGALA D N, STEPHANSSON O. Stochastic three dimensional joint geometry modelling including a verification to an area in Stripa Mine, Sweden[J]. Soils and Foundations, 1993, 33(1): 55-70.
[55] XIA L, ZHENG Y H, YU Q C. Estimation of the REV size for blockiness of fractured rock masses[J]. Computers and Geotechnics, 2016, 76(12): 83-92.
[56] SCHLOTFELDT P, CARTER T G. A new and unified approach to improved scalability and volumetric fracture intensity quantification for GSI and rockmass strength and deformability estimation[J]. International Journal of Rock Mechanics and Mining Sciences, 2018, 110(3): 48-67.
[57] 崔臻, 盛谦. 裂隙岩体等效力学参数结构效应的计算机模拟试验研究[J]. 岩土力学, 2018, 39(10): 3830-3840.
[58] KULATILAKE P H S W, UCPIRTI H, WANG S, et al. Use of the distinct element method to perform stress analysis in rock with non-persistent joints and to study the effect of joint geometry parameters on the strength and deformability of rock masses[J]. Rock Mechanics and Rock Engineering, 1992, 25(4): 253-274.
[59] KULATILAKE P H S W, PARK J, UM J G. Estimation of rock mass strength and deformability in 3-D for a 30 m cube at a depth of 485 m at Äspö Hard Rock Laboratory[J]. Geotechnical & Geological Engineering, 2004, 22(2): 313-330.
[60] 郭亮, 李晓昭, 周扬一, 等. 数字化结构面三维随机网络模拟及其有效性检验[J]. 岩石力学与工程学报, 2015, 34(S1): 2854-2861.

第 2 章 / 裂隙岩体块体化程度评价理论

2.1 现有岩体完整性三维评价指标

2.1.1 体积 RQD

结构面数量不同、排列方式不同，会导致岩体的切割程度、岩块数量、岩块大小等存在差异。岩体质量指标体积(RQD)作为表征岩体完整性的重要参数，客观上要求同一岩体的 RQD 必须相同，即 RQD 不受选取的钻孔方向的影响。为满足该要求，SENZ 等[1]引入体积 RQD 概念(RQD_V)，从三维角度表征岩体的完整程度。体积 RQD 概念的提出为定量描述三维岩体质量提供了新思路[2]，其具体定义为：体积不小于 0.001 m^3 的岩块体积之和所占岩体总体积的百分比，即

$$RQD_V = 100 \times \sum_{i=1}^{n} \frac{V_i}{V} \tag{2-1}$$

式中：V_i 为体积不小于 0.001 m^3 岩块体积之和；V 为岩体总体积。

体积 RQD 具有理论计算和结构面三维网络模拟两种计算方法。其中，理论计算方法适用于结构简单的岩体，且使用时要求结构面间距服从负指数分布。因此，通过岩体结构面三维网络模型计算体积 RQD 方法的实用性更强，且计算结果较理论方法更合理。

体积 RQD 定义 0.001 m^3 为计算 RQD 的块体体积阈值。根据体积 RQD 计算结果确定的岩体完整性比真实情况好。若增加块体体积阈值，体积 RQD 将减小，岩体完整性程度将降低。

体积节理数 J_V 也被广泛应用于表征岩体完整性，其本质与体积 RQD 相同。与体积 RQD 相比，岩体体积节理数只考虑了裂隙数量(间距)对岩体完整性的影

响，并未充分考虑裂隙延展性(长度)对岩体完整性的影响。

2.1.2　岩体三维块度模数

不同规模的岩块与结构面排列组合所形成的岩体结构，很大程度决定岩体力学性质。特别是当岩体其他特性相似时，岩石块体块度大小、组合及结构面特性等综合控制岩体的力学性质。鉴于此，陈德基与刘洪特[3]提出块度模数概念，即通过计算被结构面切割圈闭形成的结构体体积大小、规模、块度分布等指标，综合刻画岩体完整程度。块度模数具有统计、计算简便，表达方式简单、便捷等优势，被广泛应用于岩体工程中，用以刻画岩体的完整程度。

受岩体露头面限制，对岩体块度从三维空间角度进行计算存在一定困难。因此，一般选用某一平面或剖面，通过结构面调查数据进行计算，即在地表露头面或在巷道边壁等地方，选取适宜的测窗(窗口面积一般不小于 10 m^2)，分别统计结构面间距、充填状态等特征参量，并基于结构面特征参量调查结果，依照表 2-1 计算对应的块体块度。

表 2-1　岩体裂隙等级及相应二维块度分级

等级	裂隙情况	裂隙间距/m	块度分级/m^2
1	裂隙不发育	>1.0	>1.0
2	裂隙稍发育	0.6~1.0	0.5~1.0
3	裂隙较发育	0.3~0.6	0.1~0.5
4	裂隙发育	0.1~0.3	0.01~0.1
5	裂隙很发育	<0.1	<0.01

基于岩体块度统计结果和裂隙特征及充填物性状分析结果，从统计学角度，可利用公式计算岩体的块度模数。

岩体二维块度模数 M_K 的计算式为

$$M_K = A_K \cdot \frac{A_1 + 2A_2 + 3A_3 + 4A_4 + 5A_5}{100} \tag{2-2}$$

式中：A_K 为结构面的性状系数，用来表征裂隙充填与胶结程度，其取值可参考文献[4]；A_1 至 A_5 分别为面积<0.01 m^2、0.01~0.1 m^2、0.1~0.5 m^2、0.5~1.0 m^2、>1.0 m^2 块度岩石所占总块体的百分比。

参考国内外传统的岩体完整性分级方法，陈德基、刘洪特将块度模数及其相对应的岩体也划分为 5 个级别，如表 2-2 所示。

表 2-2　基于二维块度模数的岩体完整性分级[3]

M_K	岩体完整性	工程地质特性
≥4	极完整岩体	岩体新鲜完整，裂隙稀少，间距大于 1.0 m，多闭合，无充填或充填胶结良好。空间上无连续性强的软弱结构面，隔水性好
3~4	完整岩体	岩体新鲜，呈较大块状，裂隙间距 0.5~1.0 m，多数闭合或充填胶结良好。有极少量软弱结构面，透水性弱
2~3	中等岩体	裂隙较发育，间距 0.3~0.5 m，多为碎屑充填。空间上分布有较大软弱结构面，中等透水性
1~2	破碎岩体	因强烈地质构造作用，出现较多破碎带或软弱结构面，裂隙密集，多为软弱物质充填。力学性质差，透水性好
<1	极破碎岩体	断层破碎带或强烈影响带，未胶结或泥质充填，力学性质很差，导水性能优

虽然用块度模数能较方便地描述岩体完整性，但使用过程常因难以获取较合适的岩体露头面，而使其应用领域和范围受到限制。此外，岩体块度模数实质是从二维角度，利用揭露面结构面间距调查结果统计岩体块度，对钻孔调查的岩体实用性不强，且该统计方式受选取平面的方向性影响较大，存在选取平面不同而导致各级块度百分比不同的现象。

但随着三维裂隙网络模拟技术在岩体工程中的广泛应用，块度模数的应用受岩体实测露头面的限制逐渐减小，块度模数表征岩体完整性的方法的实用性也越来越强。王晓明[4]将二维块度模数推广到三维，并建立了裂隙等级与三维块度分级关系(见表 2-3)，提出了岩体三维块度模数 M_K 计算式

$$M_K = A_K \cdot \frac{A_1 + 2A_2 + 3A_3 + 4A_4 + 5A_5}{100} \tag{2-3}$$

式中：A_K 为结构面的性状系数；A_1 至 A_5 分别为体积<0.001 m^3、0.001~0.03 m^3、0.03~0.2 m^3、0.2~1.0 m^3、>1.0 m^3 块度岩石所占总块体的百分比。

基于三维块度模数计算式，文献[4]建立了三维块度模数对应的岩体完整性分级表(见表 2-4)，一定程度上避免了二维块度模数因选择平面而引起的块度模数空间效应显著、块度分级统计结果误差大等问题。

表 2-3　岩体裂隙等级及相应三维块度分级[4]

等级	裂隙情况	裂隙间距/m	块度分级/m^3
1	裂隙不发育	>1.0	>1.0
2	裂隙稍发育	0.6~1.0	0.2~1.0
3	裂隙较发育	0.3~0.6	0.03~0.2
4	裂隙发育	0.1~0.3	0.001~0.03
5	裂隙很发育	<0.1	<0.001

表 2-4　基于三维块度模数的岩体完整性分级

M_K	岩体完整性	工程地质特性
≥4	完整岩体	岩体新鲜完整，裂隙稀少，间距大于 1.0 m，多闭合，无充填或充填胶结良好。空间上无连续性强的软弱结构面，隔水性好
3~4	较完整岩体	岩体新鲜，呈较大块状，裂隙间距 0.5~1.0 m，多数闭合或充填胶结良好。有极少量软弱结构面，透水性弱
2~3	较破碎岩体	裂隙较发育，间距 0.3~0.5 m，多为碎屑充填。空间上分布有较大软弱结构面，透水性中等
1~2	破碎岩体	因强烈地质构造作用，出现较多破碎带或软弱结构面，裂隙密集，多为软性物质充填。力学性质差，透水性好
<1	极破碎岩体	断层破碎带或强烈影响带，未胶结或泥质充填，力学强度很低，导水性能显著

虽然通过计算机模拟技术和结构面产状反演技术能够改进块度模数存在的部分缺陷，但仍不能改变该方法对 A_K 取值时主观性大的缺点。此外，由式(2-3)及表 2-4 可知，当 A_K 取 1 时，只有块度全部小于 0.001 m^3 的岩体属于极破碎岩体。显然，该分级标准划分的岩体完整性偏保守，对极破碎岩体完整性判断不够准确。

2.1.3　岩体切割程度

岩体工程相关规范将岩体的完整性以及抗压强度作为岩体质量评价的基本因素，对岩体完整性的全面表征显得尤为重要。

岩体的完整性本质上包括切割程度和块度两方面内容，具体如下。

1）岩体切割程度或块体赋存程度（即岩体受结构面切割所形成的完全圈闭的块体数量及程度）受结构面迹长与间距比值的影响，当其比值较大时岩体才能被结构面切割成较破碎的离散化块体。

②切割形成的岩体块度受结构面间距与迹长比值的影响，当结构面迹长与间距的比值较大时，岩体被结构面切割形成的块度主要受间距控制。

由此可见，全面描述岩体的完整性不仅需要考虑岩体块度，更需同时考虑结构面间距、长度的影响。现有的岩体完整性表征方法均着眼于岩体块度，忽略了岩体切割程度对岩体完整性的影响。此外，在计算岩体块度时，只将结构面间距纳入影响范畴，并未充分考虑结构面迹长和间距的共同作用。

当岩体结构面的发育程度一定时，可基于结构面调查获取迹长、间距等数据，利用计算机三维裂隙网络模拟技术，搜索结构面在岩体内交错切割圈闭所形成的结构体，分析岩体被结构面切割形成块体的情况。数值模拟不仅能够形象直观地反映岩体内结构面、结构体的发育情况，也能具体量化岩体的破碎程度，为岩体完整性表征提供基础。鉴于此，张奇华等[5]采用全空间块体搜索技术模拟了岩体切割程度，从三维角度研究了岩体的完整性，研究发现，岩体块度不仅取决于结构面的间距，还与结构面迹长有关。迹长与间距的比值越大，在岩体内形成的最大块体的体积百分比越小，岩体被切割的程度越高，对应的岩体完整性越低。此外，当裂隙的迹长和间距比值大于 3 时，岩体将被完全切割，此时岩体的完整性介于完整岩体和破碎岩体之间。

2.1.4 岩体块度指数

针对二滩水电站坝基岩体质量分级相关问题，1990 年刘克远[6]提出了岩体块度系数概念，通过分类统计 0.1~0.2 m、0.2~0.6 m、>0.6 m 的岩芯获得率，计算岩体的块度系数并对岩体完整性进行表征。但块度系数因未建立与现有的岩体完整性及结构类型对应关系，未获得推广应用。

基于块度系数概念，2002 年胡卸文[7]提出了岩体块度指数(Rock Block Index，RBI)概念，以综合表征岩体的结构特性及块度大小，可以直观反映岩体完整程度。岩体块度指数的定义充分考虑了各类现行规范对岩体结构的分类标准，将岩芯长度划分为 0.03~0.1 m、0.1~0.3 m、0.3~0.5 m、0.5~1 m、>1 m 等 5 个等级，通过统计各尺度岩芯获得率，用公式计算岩体的块度指数。

岩体块度指数 RBI 计算式为

$$\mathrm{RBI}=3\times C_{3}+10\times C_{10}+30\times C_{30}+50\times C_{50}+100\times C_{100} \tag{2-4}$$

式中：C_3、C_{10}、C_{30}、C_{50} 和 C_{100} 分别为 0.03~0.1 m、0.1~0.3 m、0.3~0.5 m、0.5~1 m 和>1 m 等 5 个尺度岩芯的获得率。

岩体块度指数 RBI 值最大可取为 100，即岩体完整性很好，其结构呈整体状；反之，当 RBI 值越小越接近 0 时，岩体完整性越差，岩体结构呈散体状。

基于块度指数的岩体结构及完整性分级如表 2-5 所示。

表 2-5　基于块度指数的岩体结构及完整性分级[7]

岩体完整性	岩体结构特征	岩体块度指数(RBI)
极完整	整体结构(巨厚层状结构)，结构面不发育且间距大于 1 m，岩块为巨块或巨厚块状	50~100
完整	块状结构(厚层状结构)，轻度发育 1~2 组间距为 0.5~1 m 结构面，岩块为块状或厚层状	30~50
较完整	次块状结构(中厚层状结构)，中度发育 2~3 组间距 0.3~0.5 m 结构面，岩块为次块状或中厚层状	10~30
较破碎	镶嵌结构(互层状结构)，结构面发育或较发育，一般赋存有 3~4 组间距为 0.1~0.3 m 的结构面，岩块为紧密镶嵌状或互层状	3~10
破碎	碎裂结构(薄层状结构)，结构面很发育，间距一般小于 0.1 m，岩块块度较小，呈碎裂状	1~3
极破碎	散体结构，岩块松散堆积	<1

2.2　裂隙岩体块体化程度评价方法

为全面评价岩体完整性，Xia 等[8]同时考虑岩体块度、结构面间距、结构面长度等因素，提出了块体化程度评价方法，从三维角度量化岩体被视为孤立块体体系的程度，为岩体完整性分析提供了基础。

通过对块体化程度与岩体完整性的相关性研究发现，裂隙岩体块体化程度可以很好地解决岩体完整性这一基本性质的描述问题。块体化程度可通过块体体积百分比和块体体积曲线两种方式进行描述。

1)块体体积百分比

块体体积百分比(用 B 表示)是反映岩体块体化程度的主要指标，其定义为：岩体中受结构面切割所形成岩体块体的总体积与岩体总体积的比值，其具体取值范围为 0 到 100%。

块体体积百分比的计算式为

$$B = \frac{\sum_{i}^{n} v_i}{V} \times 100\% \tag{2-5}$$

式中：v_i 为各块体的体积；n 为块体的数量；V 为裂隙岩体体积。

2)块体体积曲线

块体体积曲线是刘晓非[9]将土力学中用于计算岩土粒径级配分布情况的级配曲线引入岩体研究领域中而提出的概念，其反映的岩体完整性信息比块体百分比多。块体体积曲线不仅可描述岩体的完整性，还能够体现受结构面切割所形成的结构体块度及数目。从块体体积曲线可以直观获取各结构体的体积、数量以及各结构体体积差异程度等。在块体体积曲线中横坐标对应块体的体积，纵坐标表示小于某体积的块体的累积百分含量。纵坐标块体百分比为10%、30%、60%时所对应的块体体积 d_{10}、d_{30}、d_{60} 分别称为有效体积、中值体积和限定体积。通过曲线形状可以判断岩体中块体不均匀程度，曲线越陡表示岩体受结构面切割后形成的块体块度分布越均匀；反之，则表示岩体内形成的块体块度分布离散、均匀性差。

3)裂隙岩体块体化程度分级标准

文献[9]经过对裂隙岩体块体化程度的研究，分析讨论了岩体块体化程度与裂隙各几何参数的基本关系，并利用块体体积百分比、块体体积曲线等指标，对块体化程度等级进行了划分，建立了分级的标准，如表2-6所示。

表2-6 裂隙岩体的块体化程度分级

块体化程度分类描述	d_{10}、d_{30}、d_{60} 存在情况	块体体积百分比/%
非块状化岩体	d_{10} 不存在	0~10
轻度块状化岩体	d_{10} 存在，d_{30} 不存在	10~30
中度块状化岩体	d_{30} 存在，d_{60} 不存在	30~60
块状化岩体	d_{60} 存在	60~100

2.3 块体化程度评价方法若干缺陷

块体化程度评价方法在水工隧洞岩体完整性评价、裂隙岩体渗流特性等方面取得了较好的应用效果，但在地下矿山等工程应用中，由于不同工程需求及关注对象的差异性，其适用性在一定程度上受限。本书从计算原理与评价因素缺陷、基础应用条件缺陷和块体化程度缺陷等级划分3个方面阐述了块体化程度评价方法若干缺陷，并对其进行了修正。

2.3.1　计算原理与评价因素缺陷

块体体积百分比作为块体化程度的量化指标，其定义为：岩体中被结构面切割所形成结构体的体积与岩体总体积的比值，取值范围为 0 至 100%。块体体积百分比越小，越接近于 0 时，岩体完整性越好；块体体积百分比越大，越接近 1 时，岩体被裂隙切割越严重，完整性越差。

但对于块体体积百分比较高的岩体，其内部块体可能由大量小体积块体组成，也可能是由极少量大体积块体组成，且两者均满足 d_{60} 存在的条件。依照块体化程度分级标准，两者均为块状化岩体，如图 2-1 所示。实际上，仅前者岩体较破碎，而后者岩体完整性较好，显然这与实际情况不相符。

(a) 岩体被切割为大量小块体　　(b) 岩体被切割为少量大块体

图 2-1　块体体积百分比较大岩体完整性对比

现有块体体积百分比的定义缺少对岩体切割程度及块体规模等因素的考虑，只有当岩体被裂隙切割完全时，块体体积百分比量化的块体化程度才与实际较为相符；但当岩体被裂隙切割不完全时，块体体积百分比所量化的块体化程度可能与实际岩体的完整性情况相差较大。

2.3.2　基础应用条件缺陷

1) 岩体尺度

三维裂隙网络模拟是计算块体体积百分比的重要环节，当在岩体内模拟随机裂隙时，必须预先确定岩体结构均质区[10]。但现有块体化程度评价方法未明确涉及岩体尺度问题，若三维裂隙网络模拟区域的尺寸超过均质区，将使块体化程度计算结果与实际不符。

2) 边界条件及块体类型

现有块体化程度评价方法未明确限定岩体边界条件以及块体类型，可能导致块体总体积与岩体体积相等，且存在岩体块体化程度计算结果比真实岩体差的情况。图 2-2 为受三组随机正交裂隙切割的岩体三维裂隙网络模型图。同一岩体内可能有不同类型的块体组合，如图 2-3 所示。当利用 GeneralBlock 软件识别不剔除假想面参与形成的块体时[见图 2-3(a)]，计算的块体体积百分比为 100%；当利用 3DMine 软件剔除掉边界假想面参与形成的块体时[见图 2-3(b)]，计算的块体体积百分比为 35%。显然，只有在计算块体体积百分比过程中剔除有假想结构面(边界面)参与形成的块体时，块体体积百分比才能较为准确地量化岩体块体化程度。

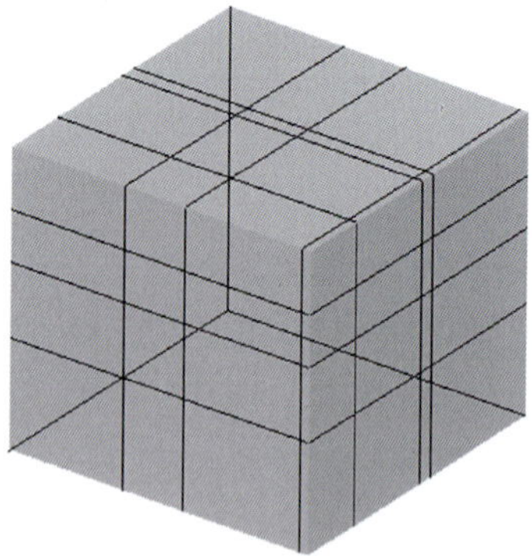

图 2-2　受三组随机正交裂隙切割的岩体三维裂隙网络模型

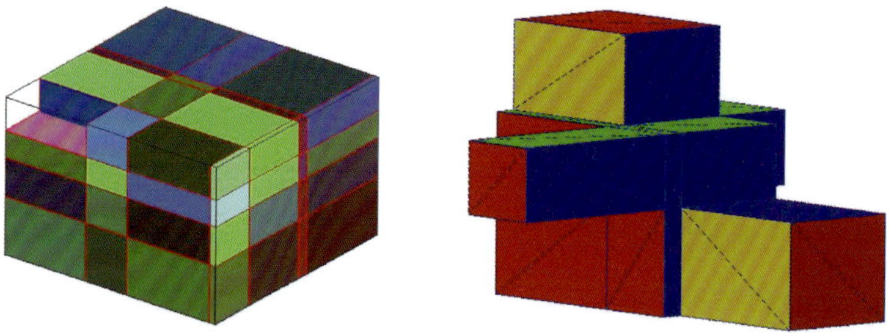

(a) 未剔除假想面参与形成的块体　(b) 剔除了假想面参与形成的块体

图 2-3　同一岩体内的不同类型块体组合

3)结构面类型

结构面类型对三维裂隙网络模拟有很大影响，单独用随机裂隙或确定性裂隙切割岩体时，块体化程度与计算结果较符合。但同时使用随机裂隙和确定性裂隙时，岩体会因确定性裂隙的存在而被切割为结构复杂、规模多变的块体，致使计算的块体体积百分比结果与实际差别较大。现有块体化程度评价方法未对结构面类型进行限定，这一缺陷将会对岩体块体化程度计算结果产生不良影响。

2.3.3　块体化程度等级划分缺陷

块体化程度是用来表征岩体完整性的指标，其等级划分应能够对应确定岩体完整性。岩体完整性程度被划分为 5 个等级，但块体化程度评价方法考虑岩体内部形成块体情况，结合块体体积曲线中的 d_{10}、d_{30}、d_{60} 将岩体块体化程度划分为 4 个等级(见表 2-6)，不仅缺乏可靠理论依据，且不能较好与岩体完整程度等级相匹配。

块体化程度评价方法参考土粒粒径级配曲线，通过引入块体体积曲线反映岩体内形成块体数量及各块体体积差距。当岩体块体化程度较高时，块体块度规模分布的离散性相对小，此时的块体体积曲线较为连续；但当岩体的块体化程度较低时，块体体积分布离散，块体体积曲线连续性差。因此，在块体化程度分级时，并未实质性体现出块体块度的性质。块体体积百分比小于 10%时，d_{10} 不存在；小于 60%时，d_{60} 不存在，故块体化程度分级标准中 d_{10}、d_{30}、d_{60} 存在情况与块体体积百分比本质属于交叉内容，并不能补充限定岩体块体化程度所处级别。

2.4　块体化程度评价方法修正思路及改进方案

2.4.1　修正思路

工程裂隙岩体的各类性质均存在尺度效应，从三维角度分析岩体块体化程度时，一般均需涉及三维裂隙网络模拟。因此，构建岩体结构三维模型是开展相关问题研究的基础。此外，确定岩体结构均质区是构建岩体三维模型时首要解决的问题，因而计算岩体块体化程度时也需确定均质区，要求构建的模型不大于统计均质区范围。

鉴于岩体块体化程度自身存在的缺陷及其与块度模数、岩体切割程度、体积 RQD 等岩体完整性表征方法对比分析的不足，本书确定的块体化程度评价方法修正思路为：首先，从块体化程度评价方法使用的基础条件出发，明确并限定各类基础概念；其次，改进块体化程度评价方法的计算方法、计算流程；然后，建立科学、合理的块体化程度分级标准；最后，创建一套完整的块体化程度修正评价方法。

2.4.2　改进方案

1）改进方案一

鉴于现有块体化程度评价方法在计算块体体积百分比时未考虑块度规模的缺陷，参考体积 RQD 计算原理，在计算块体化程度时只统计体积小于 1 m^3 的块体所占总岩体的体积百分比，以此划分岩体块体化程度。

将岩体块体化程度等级划分为 5 个级别（见表 2-7），并参照块度模数、块度指数及《岩土工程勘察规范》《工程岩体分级标准》对岩体完整性等级的划分结果，确定各块体化程度级别对应的小于 1 m^3 的块体体积百分比。

表 2-7 裂隙岩体块体化程度分级

小于 1 m^3 块体体积百分比/%	块体化程度分级
[0, 10)	非块状化岩体
[10, 30)	轻度块状化岩体
[30, 60)	中度块状化岩体
[60, 80)	块状化岩体
[80, 100)	严重块状化岩体

2)改进方案二

当岩体被裂隙切割完全时，现有块体化程度评价方法分析结果才较为准确，但当岩体被结构面切割不完全时，块体化程度评价结果误差较大。针对上述缺陷，可引入岩体切割程度理念，对现有块体化程度理论进行修正。

由于岩体受结构面不完全切割时，其完整性较好。此时，赋存于岩体内的块体体积一般较大，依据现有块体化程度评价方法计算的岩体块体体积百分比也较大。对于此类情况，可借鉴 RQD 计算原理取块体体积综合百分比作为块体化程度值 $MB_i=1-B$，并依据计算结果确定块体化程度级别。当岩体受结构面切割较完全时，岩体内赋存的块体以小体积块体居多，其块体化程度与块体体积百分比相同，可根据式(2-5)计算，并对照表 2-8 直接判断块体化程度等级。

因此，方案二改进的块体化程度计算流程为：首先，通过裂隙直径与间距的比值判断岩体切割程度；其次，对切割完全的岩体，计算其块体体积百分比 B，并结合表 2-8 进行块体化程度分级；最后，对切割不完全的岩体，计算其块体体积百分比 B，并利用 $MB_i=1-B$ 的值进行块体化程度分级。

表 2-8 裂隙岩体块体化程度分级

块体体积百分比/%	块体化程度分级	工程地质特征
[0, 10)	非块状化岩体	岩体新鲜完整，裂隙稀少，间距大于 1.0 m，多闭合，无填充或填充胶结良好。空间上无连续性强的软弱结构面，隔水性好
[10, 30)	轻度块状化岩体	岩体新鲜，呈较大块状，裂隙间距 0.5~1.0 m，多数闭合或充填胶结良好。有极少量软弱结构面，透水性弱
[30, 60]	中度块状化岩体	裂隙较发育，间距 0.3~0.5 m，多为碎屑充填。空间上分布有较大软弱结构面，中等透水性

续表2-8

块体体积百分比/%	块体化程度分级	工程地质特征
[60, 80)	块状化岩体	因强烈地质构造作用，出现较多破碎带或软弱结构面，裂隙密集，多为软弱物质充填。力学性质差，透水性好
[80, 100)	严重块状化岩体	断层破碎带或强烈影响带，未胶结或泥质充填，力学强度很低，导水性能显著

2.4.3　优化的改进方案

方案一参考体积 RQD 计算原理对现有块体化程度评价方法缺陷进行修正，一定程度改进了块体化程度计算方法和分级标准。但当岩体内赋存的结构面间距较大(>1.0 m)时，结构面切割岩体所形成的块体一般大于 1 m^3，利用方案一修正后方法计算的岩体块体化程度结果将导致评价的岩体块体化程度比真实情况低。当岩体的尺寸更大、赋存其内部的结构面间距更宽时，该修正方法适用性更差。

现有块体化程度评价方法对结构面切割不完全岩体的块体化程度评价存在缺陷。因此，方案二借鉴岩体切割程度概念，首先，根据结构面长度和间距对岩体切割程度进行判断；然后，依据岩体切割程度计算结果，针对性使用不同公式计算岩体块体化程度。但方案二中，当岩体被结构面不完全切割时，提出的块体化程度计算式会因忽略岩体内存在的部分小块体，而导致计算的岩体块体化程度可能比真实情况好。

两种修正方案均存在一定优缺点，方案一未充分考虑大块度块体对块体化程度的影响，方案二未充分考虑小块度块体对块体化程度的影响。

本书参考块度模数概念，充分考虑块度的尺寸效应，对块体化程度的计算方法进行修正。此外，岩体完整性指数与完整程度有一定对应关系，完整性指数与体积节理数有一定对应关系，体积节理数与体积 RQD 有一定对应关系，体积 RQD 与岩体块体化程度(块体百分比)有一定关系，如图 2-4 所示。通过间接求解块体化程度与岩体完整性的相关性，修正与制定块体化程度分级标准。

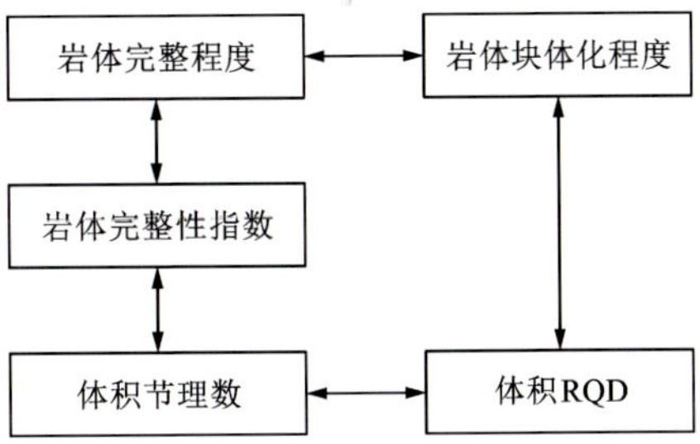

图 2-4　岩体完整性参数的对应关系

2.5 修正的块体化程度评价方法

依据块体化程度评价方法修正改进方案，从块体化程度计算式、块体类型及边界条件限定、块体化程度等级划分等方面对块体化程度评价方法进行修正。

2.5.1 修正的块体化程度计算式

借鉴岩体切割程度、块度模数计算原理对块体化程度评价方法存在的未充分考虑岩体切割程度及块体规模的缺陷进行修正。

由文献[5]可知，当裂隙迹长与间距的比值较大时，岩体被结构面切割程度较高，岩体内形成的块体块度大小分布集中；反之，则岩体受裂隙切割程度较低，岩体内有大量小体积块体产生，且块体块度分布离散。此外，岩体完整性存在一定块度尺寸效应[11]，即大体积块体对岩体完整性劣化程度较低，小体积块体对岩体完整性劣化程度较高。

因此，利用块体体积百分比表征岩体的块体化程度时，为避免块度规模对岩体块体化程度计算的不良影响，需考虑岩体完整性的块度尺寸效应。首先，分别计算不同块度范围的块体体积百分比；然后，用对应的岩体完整性块度尺寸效应系数对块体体积百分比进行折减；最后，通过求和获得岩体的块体化程度值。

参照岩体完整性定性划分标准、岩体块度模数、岩体块度大小及相应尺寸效应等，将岩体内的块体划分为0~0.008 m^3、0.008~0.03 m^3、0.03~0.2 m^3、0.2~1.0 m^3、>1.0 m^3 等5个块度范围，分别按照式(2-5)计算各块度的块体体积百分比。然后，参照块度模数计算思想及原理，计算岩体的块体化程度值 MB_i

$$MB_i = B_1 + \frac{1}{2}B_2 + \frac{1}{3}B_3 + \frac{1}{4}B_4 + \frac{1}{5}B_5 \tag{2-6}$$

式中：B_1、B_2、B_3、B_4、B_5 分别代表体积为0~0.008 m^3、0.008~0.03 m^3、0.03~0.2 m^3、0.2~1.0 m^3、>1.0 m^3 的块体占岩体总体积的百分比。

2.5.2 块体类型及边界条件

岩体结构统计均质区划分为裂隙三维网络模拟的基础，因此构建的三维岩体模型尺寸必须小于岩体结构均质区。基于构建的裂隙岩体三维结构网络模型，设置属性限制其边界条件，使得计算过程能够识别块体类型，并在统计块体体积百分比时剔除有假想结构面参与形成的块体。由于块体化程度评价方法中有效块体仅为完全由裂隙圈闭形成的块体，因而块体总体积与岩体体积不相等，且块体体积百分比可为0。

进行裂隙三维网络模拟时，输入岩体内的裂隙可以单独为实测的确定性裂隙或模拟的随机性裂隙，但裂隙的各类参数需预先准确确定，且裂隙三维网络模型的尺寸需在均质区内。

2.5.3　块体化程度分级

岩体完整性被划分为 5 级，为与之对应，块体化程度也相应被划分为 5 级。表征裂隙岩体完整性的完整性指数与岩体完整程度有一定的定量对应关系，而完整性指数与体积 RQD 又有一定对应关系[12]。因此，利用块体化程度(块体体积百分比)与体积 RQD、完整性系数间的内在关系可以划分块体化程度等级。

岩体体积 RQD 与体积节理数 J_V 存在一定的理论关系[13]，有

$$RQD_V = 100e^{-0.1J_V}(1+0.1J_V) \tag{2-7}$$

基于文献[14]中确定的体积节理数 J_V 与岩体完整性系数 K_V 的对应关系，拟合 K_V 与 J_V 的函数关系，如图 2-5 所示。

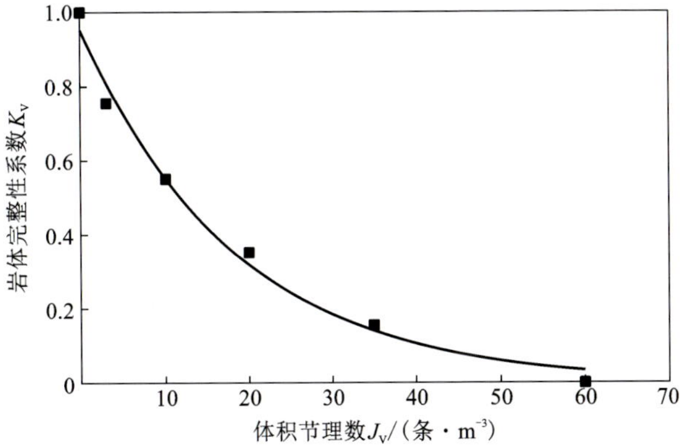

图 2-5　体积节理数与岩体完整性系数的函数关系

由图 2-5 可知，岩体完整性系数与体积节理数的函数关系为

$$K_V = 0.95648 \times 0.94666^{J_V} \tag{2-8}$$

从体积 RQD 角度，岩体中体积超过 0.001 m^3 的块体越多，岩体完整性越好。块体化程度量化岩体完整性时恰好与体积 RQD 相反，岩体内块体越多，岩体完整性越差。根据体积 RQD 与块体化程度的定义，可得出块体化程度与体积 RQD 近似存在 $MB_i = 1-0.01RQD_V$ 的关系，且块体化程度取值范围为[0, 100%)。

据此可推导出块体化程度 MB_i 指标与岩体完整性系数的函数关系为

$$MB_i = 1-\left(1+0.1\times\lg_{0.9467}\frac{K_V}{0.9565}\right)\exp\left(-0.1\times\lg_{0.9467}\frac{K_V}{0.9565}\right) \tag{2-9}$$

绘制式(2-9)块体化程度与岩体完整性系数的函数图形，如图 2-6 所示。岩体完整性系数 K_V 为 0~0.15，0.15~0.35，0.35~0.55，0.55~0.75，0.75~1.0 时，对应完整性分别为极破碎、破碎、较破碎、较完整和完整。

利用式(2-9)计算出 K_V 为 0.15，0.35，0.55，0.75 时，对应的块体化程度分别为 85%、55%、27%和 7%。因此，可将岩体块体化程度划分为非块状化岩体、轻度块状化岩体、中度块状化岩体、块状化岩体和严重块状化岩体 5 个级别，每个级别对应的块体化程度指标值分别为 0~7%、7%~27%、27%~55%、55%~85%、85%~100%。

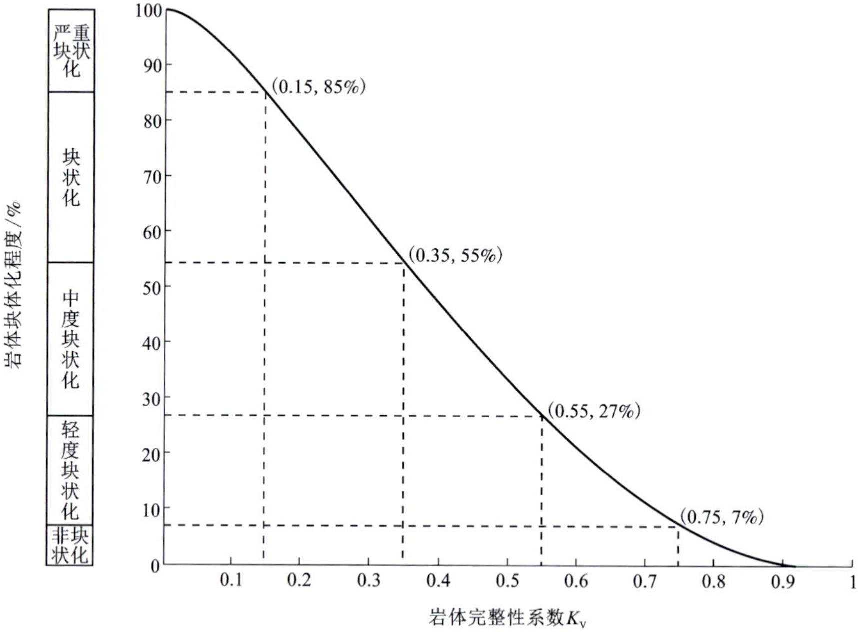

图 2-6　岩体块体化程度与岩体完整性系数函数关系

2.6　修正的块体化程度评价理论

2.6.1　基础原理

岩体完整性是决定岩体基本质量的重要因素。定性评价岩体完整性时，需考察结构面发育程度、结构面结合程度、主要结构面的类型、岩体结构类型等 4 个方面。岩体完整性内涵表达的是某一岩体中结构面的发育特征及结合特征，岩体完整性的评价只有针对同一岩性的同一岩组单元体才合理。因而，块体化程度评价必须限定在岩体结构均质区范围内应用才有实际意义。

对岩体完整性有影响的结构面发育程度参数主要有结构面密度、结构面组数、结构面产状、结构面延展性以及结构面相互切割关系等；对岩体完整性有影响的结构面结合程度参数主要有结构面张开度、结构面粗糙度、结构面起伏度、结构面充填情况及充填物强度、结构面干燥情况等。结构面交错切割圈闭形成结构体，结构面和结构体排列组合构成了空间岩体结构，从岩体结构角度可更准确刻画岩体的完整性。

岩体的块体化程度，反映的是岩体受结构面切割被视为孤立块体体系的程度。块体化程度指标可集中反映结构面的密度、组数、产状、延展性以及结构面切割关系等，用其刻画岩体的完整性更有意义，且可避免各向异性对岩体完整性认识造成的误差。因此，可利用岩体完整性指数与岩体完整程度、岩体完整性指数与体积 RQD、块体化程度与体积 RQD 等的对应关系，作为块体化程度描述岩体完整性的基础原理，三维本质刻画岩体完整性。

2.6.2 应用条件

1）基本假设

一般块体理论为块体化程度评价方法的理论基础。块体化程度评价方法需符合一般块体理论的各类假设条件[15]。一般块体理论有以下假设条件：

（1）岩体模型区域可以划分为若干个子区，每个子区的形状是一个凸多面体，或可近似视为一个凸多面体；

（2）结构面为有限大小的 Beacher 圆盘模型，其相关数据可通过野外实际测量获得，也可通过随机模拟产生，但各结构面的中心点坐标、半径、产状、黏聚力、内摩擦角等参数必须有严格的数学定义；

（3）岩体可为非均质体，岩石自身可具有非均质性（如不同位置岩体的密度不同），结构面也可具有非均质性（如结构面不同部分的内摩擦角不同）；

（4）岩石结构体完全被结构面或露头面圈闭，且在进行结构体可移动性、稳定性分析时，将岩石结构体视为刚性体，不考虑结构体自身的破坏；

（5）结构体的移动只考虑滑动，不考虑旋转。

2）应用条件

计算块体体积百分比时，只统计岩体中完全由裂隙切割形成块体的体积，剔除假想结构面（研究区域边界）参与形成的块体。此外，利用块体体积百分比量化块体化程度时，必须基于以下条件：

（1）所计算的岩体尺寸不大于均质区范围；

（2）块体总体积与岩体体积不相等，且块体体积百分比可为 0；

（3）能够通过设置边界条件使软件识别出假想结构面参与形成的块体，以便于在计算块体体积百分比时将其剔除；

(4)岩体内的裂隙可单独为实测的确定性裂隙，也可为模拟的随机裂隙，但各类裂隙间距、长度、产状等参数的分布形式及大小需严格确定。

2.6.3 评价流程

修正的块体化程度评价方法具体计算流程为：

首先，在选定的研究区域开展结构面数据调查，并利用 DIPS 软件等统计、分析结构面数据；

其次，根据结构面分布规律及岩体物理力学性质，确定统计均质区大小；

然后，基于均质区尺寸，构建三维岩体模型，进行三维裂隙网络模拟，并解算和识别赋存于岩体内的块体；

进而，分别计算各块度范围的块体体积百分比与岩体的块体化程度；

最后，根据块体化程度等级划分表，确定岩体块体化程度级别。

具体计算流程如图 2-7 所示。

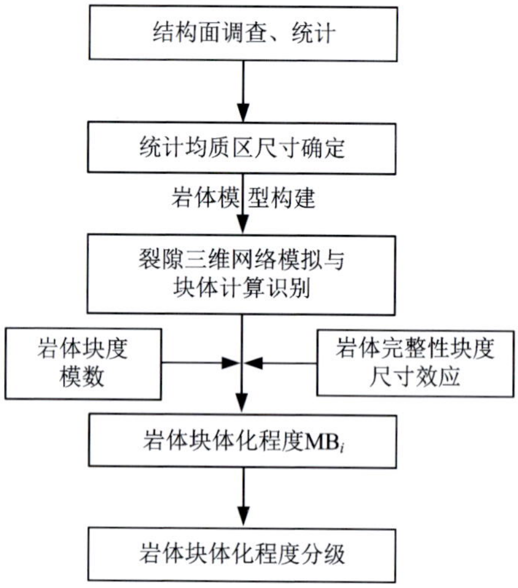

图 2-7 修正的块体化程度评价方法计算流程

2.6.4 块体化程度计算方法

计算裂隙岩体的块体化程度时，首先基于裂隙岩体内结构体识别与计算结果，按照 0~0.008 m^3、0.008~0.03 m^3、0.03~0.2 m^3、0.2~1.0 m^3、>1.0 m^3 等 5 个块度范围分类统计各块度范围的结构体总体积 V_i，其中，$i=1, 2, \cdots, 5$。

V_i 的计算式为

$$V_i = \sum_{m=1}^{n} V_m \tag{2-10}$$

式中：V_m 为各结构体的体积，m^3；n 为第 i 个块度范围内的结构体数量，个。

然后，基于各块度范围的结构体的总体积，分别计算各块度范围结构体所对应的块体体积百分比 B_i

$$B_i = \frac{V_i}{V} \tag{2-11}$$

式中：V 为整个岩体的总体积，m^3。

最后，利用各块度范围的结构体块体体积百分比 B_i，计算岩体的块体化程度值 MB_i。

$$MB_i = B_1 + \frac{1}{2}B_2 + \frac{1}{3}B_3 + \frac{1}{4}B_4 + \frac{1}{5}B_5 \tag{2-12}$$

2.6.5　块体化程度分级标准

参考现有块体化程度分级标准，建立了修正的裂隙岩体块体化程度分级标准，如表 2-9 所示。

利用式(2-10)至式(2-12)，分别计算出裂隙岩体的块体化程度值 MB_i 后，依据表 2-9 中的块体化程度分级标准，确定岩体的块体化程度等级。

表 2-9　裂隙岩体块体化程度分级标准

块体化程度(MB_i)	块体化程度分级	工程地质特征
<7	非块状化岩体	结构面间距较大，结构面结合程度好或一般，岩体呈整体状或巨厚层状结构
7～27	轻度块状化岩体	结构面发育程度较好，结合程度好或一般，岩体呈块状或厚层状结构
27～55	中度块状化岩体	有多组较发育的结构面，结合程度差或一般，岩体呈块状或镶嵌碎裂状结构
55～85	块状化岩体	有多组发育的结构面，结合程度较差，岩体呈块状或碎裂状结构
≥85	严重块状化岩体	有较多杂乱无序的结构面，且结合程度很差，岩体被结构面切割成散体状结构

2.6.6　块体化程度与岩体完整性对应关系

K_V 为 0.15，0.35，0.55，0.75 时对应的岩体块体化程度分别为 85%、55%、27%、7%。岩体的完整性被划分为完整、较完整、较破碎、破碎和极破碎 5 个级别，每个级别对应的块体化程度范围分别为 0～7%、7%～27%、27%～55%、

55%~85%、85%~100%。建立岩体块体化程度与岩体完整性的对应关系，如表 2-10 所示。

表 2-10 岩体块体化程度与岩体完整性的对应关系

岩体块体化程度(MB_i)	岩体块体化程度等级	岩体完整性
<7	非块状化岩体	完整
7~27	轻度块状化岩体	较完整
27~55	中度块状化岩体	较破碎
55~85	块状化岩体	破碎
≥85	严重块状化岩体	极破碎

岩体完整性包含结构面发育程度和结构面结合程度两方面，且岩体结构是对结构面几何发育程度、几何赋存形态等岩体裂隙特征的直观体现，块体化程度作为反映空间岩体结构的综合性参数，可从三维角度反映上述的岩体裂隙特征。但块体化程度，只反映岩体受结构面切割后可被视为孤立块体体系的程度，并不能很好地反映结构面的结合程度。因此，为准确地三维刻画岩体的完整性，在块体化程度评价基础上还需考虑结构面的结合程度因素。

结构面结合程度与结构面张开度、结构面充填物性质有较大关系，《工程岩体分级标准》对结构面结合程度等级及对应的结合特征进行了划分，如表 2-11 所示。

表 2-11 结构面结合程度等级及对应的结合特征

结构面结合程度等级	结构面结合特征
结合程度好	张开度 $a<1$ mm，无物质充填
	张开度 1 mm$<a<$3 mm，硅质或铁质充填
	张开度 $a>3$ mm
结合程度较好	张开度 1 mm$<a<$3 mm，钙质物质充填
	张开度 $a>3$ mm，结构面粗糙，钙质物质充填
结合程度一般	张开度 1 mm$<a<$3 mm，泥质物质充填
	张开度 $a>3$ mm，结构面粗糙，泥质或钙质物质充填
结合程度差	张开度 1 mm$<a<$3 mm，结构面平滑，泥质物质充填
	张开度 $a>3$ mm，泥质物质或岩屑充填
结合程度很差	泥质充填或泥质与岩屑混合充填

若能够基于结构面结合特征确定结构面的结合程度级别建立具体参数，量化对岩体完整性的劣化程度，将能够为岩体完整性三维本质刻画提供基础。文献[16]从结构面张开度和充填程度角度，建立了结构面结合程度系数，量化和表征了结构面的结合程度，如表 2-12 所示。本书引入文献[16]中的结构面结合程度系数，用以量化对岩体完整性的劣化程度。

表 2-12 结构面结合程度系数

结构面结合程度	结构面结合程度系数 L
好	1.0
较好	0.8~1.0
一般	0.6~0.8
差	0.5~0.6
很差	0~0.5

用块体化程度三维表征岩体完整性时，若能结合结构面结合程度系数共同刻画岩体完整性，将可得到与工程实际更符合的分析结果。因此，刻画岩体完整性时，可先结合结构面结合程度系数 L 对岩体块体化程度进行折减，然后再依据表 2-9 判断岩体的完整性程度。即岩体的完整性程度判断指标 I 为

$$I=\mathrm{MB}_i(2-L) \tag{2-13}$$

式中：L 为结构面结合程度系数，无量纲。

2.6.7 基于块体化程度理论的完整性三维表征

1) 岩体三维裂隙网络模型构建

国际岩石力学学会将结构面的延展性按其迹线长度划分为 5 个级别，将结构面间距划分为 7 个级别[17]。分别选取同一延展性、不同间距的结构面组合以及同一间距、不同延展性的结构面组合的工程岩体，开展岩体完整性的三维表征。

选用 Beacher 圆盘模型构建三维裂隙网络模型，依据概率统计规律可确定结构面平均直径 $\bar{d}$ 与平均迹长 $\bar{l}$ 的关系为

$$\bar{d}=\frac{4\bar{l}}{\pi} \tag{2-14}$$

为便于开展研究，且与文献[9]中现有块体化程度的计算结果进行对比，本书以三组相互正交、大小相同、分布均匀的结构面对岩体切割为例，开展相关研究。

由文献[18]可知，结构面三维密度 d_3 与一维密度 d_1 间存在的关系为

$$d_3 = \frac{4}{\pi E(D^2)S} \tag{2-15}$$

式中：D 为结构面直径，m；S 为结构面间距(即 d_1 的倒数)，m；$E(D^2)$ 为裂隙直径平方的均值。

为便于开展研究，本书选取高延展性-极密间距、高延展性-很密间距、高延展性-密间距、高延展性-中等间距、高延展性-宽间距、高延展性-很宽间距、高延展性-极宽间距、非常高延展性-极密间距、中等延展性-极密间距、低延展性-极密间距、非常低延展性-极密间距等 11 个结构面延展性和间距组合的岩体。考虑岩体结构均质区、表征单元体等对岩体块体化程度的影响，构建的岩体模型尺寸为裂隙直径的 1~4 倍。

本书选取圆盘模型作为结构面的类型，构建岩体三维裂隙网络模型。为避免结构面随机性对块体体积百分比计算结果的影响，主要模拟三组正交的结构面对岩体的切割，且各组裂隙大小相同，在岩体内均匀分布。利用式(2-15)计算结构面在岩体内的三维密度，裂隙岩体模型具体参数如表 2-13 所示。

表 2-13　不同结构面延展性和间距组合的裂隙岩体

序号	裂隙岩体	直径/m	间距/m	密度/(条·m^{-3})	组数
(1)	高延展性-极密间距	20	0.02	0.1592	3
(2)	高延展性-很密间距	20	0.04	0.0796	3
(3)	高延展性-密间距	20	0.13	0.0245	3
(4)	高延展性-中等间距	20	0.4	0.0080	3
(5)	高延展性-宽间距	20	1.3	0.0024	3
(6)	高延展性-很宽间距	20	4	0.0008	3
(7)	高延展性-极宽间距	20	6	0.0005	3
(8)	非常高延展性-极密间距	40	0.02	0.0400	3
(9)	中等延展性-极密间距	10	0.02	0.6400	3
(10)	低延展性-极密间距	3	0.02	7.0700	3
(11)	非常低延展性-极密间距	1	0.02	63.662	3

利用 GeneralBlock 软件构建的岩体三维裂隙网络模型，如图 2-8 所示。

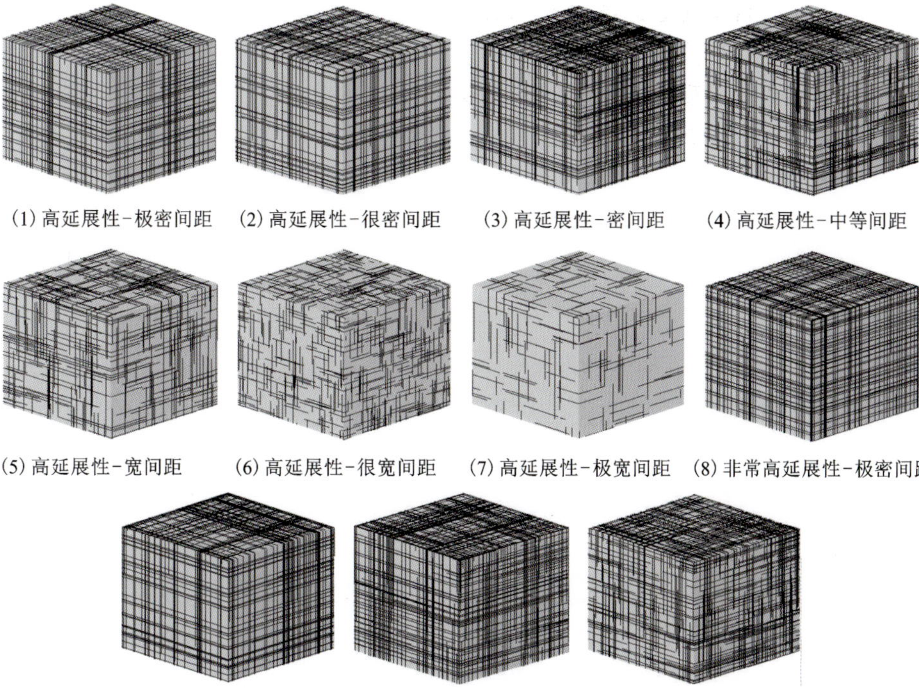

(1) 高延展性-极密间距　(2) 高延展性-很密间距　(3) 高延展性-密间距　(4) 高延展性-中等间距　(5) 高延展性-宽间距　(6) 高延展性-很宽间距　(7) 高延展性-极宽间距　(8) 非常高延展性-极密间距　(9) 中等延展性-极密间距　(10) 低延展性-极密间距　(11) 非常低延展性-极密间距

图 2-8　岩体三维裂隙网络模型

2)岩体结构解构及块体化程度计算

基于构建的裂隙岩体三维裂隙网络模型，利用软件对块体的计算与识别功能，计算出岩体被结构面切割形成的块体类型与体积。此处，列举高延展性-宽间距、高延展性-很宽间距、高延展性-极宽间距的裂隙岩体被结构面切割形成块体情况，如图 2-9 所示。

(a) 高延展性-宽间距　(b) 高延展性-很宽间距　(c) 高延展性-极宽间距

图 2-9　岩体内块体切割情况

分别利用式(2-5)、式(2-6)计算块体体积百分比及块体化程度，并统计出不同岩体模型的块体体积百分比及块体化程度。计算出的各模型块体块度分布、块体体积百分比等，如图 2-10 所示。基于块体化程度计算结果，表征岩体的完整性，如表 2-14 所示。

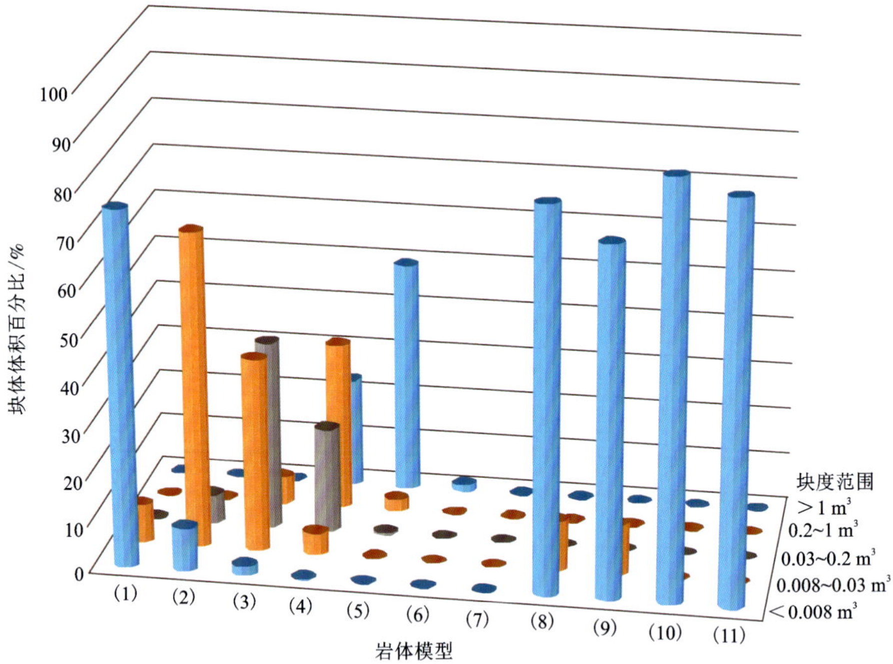

图 2-10　各级块度的块体体积百分比

表 2-14　不同结构面延展性和间距组合的岩体块体化程度及完整性

序号	不同结构面组合的岩体	各级块度的块体体积百分比 $B/\%$					岩体块体化程度 $MB_i/\%$	岩体完整性
		<0.008 m³	0.008~0.03 m³	0.03~0.2 m³	0.2~1.0 m³	>1.0 m³		
(1)	高延展性-极密间距	91.0728	0	0	0	0	91.0728	极破碎
(2)	高延展性-很密间距	80.0315	13.0128	3.0701	0	0	87.5613	极破碎
(3)	高延展性-密间距	11.3314	43.1337	30.9630	5.8361	0	44.6782	较破碎
(4)	高延展性-中等间距	0.0429	4.5906	22.1149	36.9231	25.0403	23.9566	较完整

续表2-14

序号	不同结构面组合的岩体	各级块度的块体体积百分比 B/%					岩体块体化程度 MB_i/%	岩体完整性
		<0.008 m^3	0.008～0.03 m^3	0.03～0.2 m^3	0.2～1.0 m^3	>1.0 m^3		
(5)	高延展性-宽间距	0.0051	0.0488	0.4797	5.7562	59.3583	13.5002	较完整
(6)	高延展性-很宽间距	0	0.0001	0.0026	0.0181	1.5658	0.3186	完整
(7)	高延展性-极宽间距	0	0	0	0	0.1535	0.0307	完整
(8)	非常高延展性-极密间距	93.7571	0	0	0	0	93.7571	极破碎
(9)	中等延展性-极密间距	90.2910	0	0	0	0	90.2910	极破碎
(10)	低延展性-极密间距	88.9321	0	0	0	0	88.9321	极破碎
(11)	非常低延展性-极密间距	87.9759	0	0	0	0	87.9759	极破碎

由表 2-14 可知，当岩体内赋存的结构面为高延展性-很宽间距、高延展性-极宽间距时，岩体完整性属于完整级别；当岩体内赋存的结构面为高延展性-中等间距、高延展性-宽间距时，岩体完整性属于较完整级别；当岩体内赋存的结构面为高延展性-密间距时，岩体完整性属于较破碎岩体；当岩体内赋存的结构面为高延展性-极密间距、高延展性-很密间距、非常高延展性-极密间距、中等延展性-极密间距、低延展性-极密间距、非常低延展性-极密间距时，岩体完整性属于极破碎级别。

此外，当赋存于岩体内的结构面延展性相同时，结构面间距越小，岩体越破碎，完整性越差。

2.7　岩体完整性表征的合理性

2.7.1　基于块度模数的完整性划分合理性

基于 GeneralBlock 软件对岩体内块体的计算结果，利用式(2-3)计算岩体的块度模数及完整性级别，如表 2-15 所示。

表 2-15 岩体三维块度模数及岩体完整性情况

不同结构面组合的岩体	各级块度所占块体总体积的百分比/%					A_K	M_K /%	岩体完整性
	<0.008 m^3	0.008~0.03 m^3	0.03~0.2 m^3	0.2~1.0 m^3	>1.0 m^3			
高延展性-极密间距	100	0	0	0	0	1.0	1.0	极破碎
高延展性-很密间距	83.2669	13.5389	3.1942	0	0	1.0	1.1993	破碎
高延展性-密间距	12.4160	47.2625	33.9268	6.3947	0	1.0	2.3430	较破碎
高延展性-中等间距	0.0500	5.1747	24.9289	41.6214	28.2266	1.0	3.9280	较完整
高延展性-宽间距	0.0078	0.0074	0.0731	8.7683	90.4189	1.0	4.8741	完整
高延展性-很宽间距	0	0.0063	0.1639	1.1408	98.6890	1.0	4.9851	完整
高延展性-极宽间距	0	0	0	0	100	1.0	5.0000	完整
非常高延展性-极密间距	100	0	0	0	0	1.0	1.0	极破碎
中等延展性-极密间距	100	0	0	0	0	1.0	1.0	极破碎
低延展性-极密间距	100	0	0	0	0	1.0	1.0	极破碎
非常低延展性-极密间距	100	0	0	0	0	1.0	1.0	极破碎

将基于块体化程度计算的岩体完整性结果与基于三维块度模数计算的岩体完整性结果进行对比，如表 2-16 所示。

表 2-16 基于两种计算的岩体完整性结果对比

不同结构面组合	基于块体化程度确定的岩体完整性	基于块度模数确定的岩体完整性	结果一致性
高延展性-极密间距	极破碎	极破碎	一致
高延展性-很密间距	极破碎	破碎	基本一致
高延展性-密间距	较破碎	较破碎	一致
高延展性-中等间距	较完整	较完整	一致
高延展性-宽间距	较完整	完整	基本一致
高延展性-很宽间距	完整	完整	一致

续表2-16

不同结构面组合	基于块体化程度确定的岩体完整性	基于块度模数确定的岩体完整性	结果一致性
高延展性-极宽间距	完整	完整	一致
非常高延展性-极密间距	极破碎	极破碎	一致
中等延展性-极密间距	极破碎	极破碎	一致
低延展性-极密间距	极破碎	极破碎	一致
非常低延展性-极密间距	极破碎	极破碎	一致

由表 2-16 可知，基于块体化程度表征的岩体完整性结果与基于三维块度模数划分的岩体完整性结果高度一致。因此，本书提出的岩体完整性三维表征方法是合理的，能够准确表征岩体的完整性。

2.7.2 岩体完整程度定性划分的合理性

由《岩土工程勘察规范》《工程地质调查规范(1∶50000)》《水利水电工程地质勘察规范(2022 年版)》等可知，结构面间距为>1.0 m、0.4~1.0 m、0.2~0.4 m、<0.2 m 时，对应的岩体完整性分别为完整、较完整、较破碎、破碎。

按照结构面间距与岩体完整性的定性关系，本书构建了相同延展性、不同间距组合的岩体模型的完整性，如表 2-17 所示。

由于现有规范依据结构面间距只将岩体完整性划分为 4 个级别，未细分破碎、极破碎两个级别。因此，当基于块体化程度确定的岩体完整性为极破碎级别时，也可认为与规范划分的破碎级别一致。将岩体完整性定性划分结果与本书基于块体化程度表征的岩体完整性结果进行对比(见图 2-11)。

表 2-17 基于结构面间距定性划分的岩体完整性等级

相同延展性不同间距组合		结构面间距确定的岩体完整性	基于块体化程度确定的岩体完整性	结果一致性
高延展性-极密间距	0.02 m	破碎	极破碎	一致
高延展性-很密间距	0.04 m	破碎	极破碎	一致
高延展性-密间距	0.13 m	破碎	较破碎	基本一致
高延展性-中等间距	0.4 m	较完整	较完整	一致
高延展性-宽间距	1.3 m	完整	较完整	基本一致
高延展性-很宽间距	4 m	完整	完整	一致
高延展性-极宽间距	6 m	完整	完整	一致

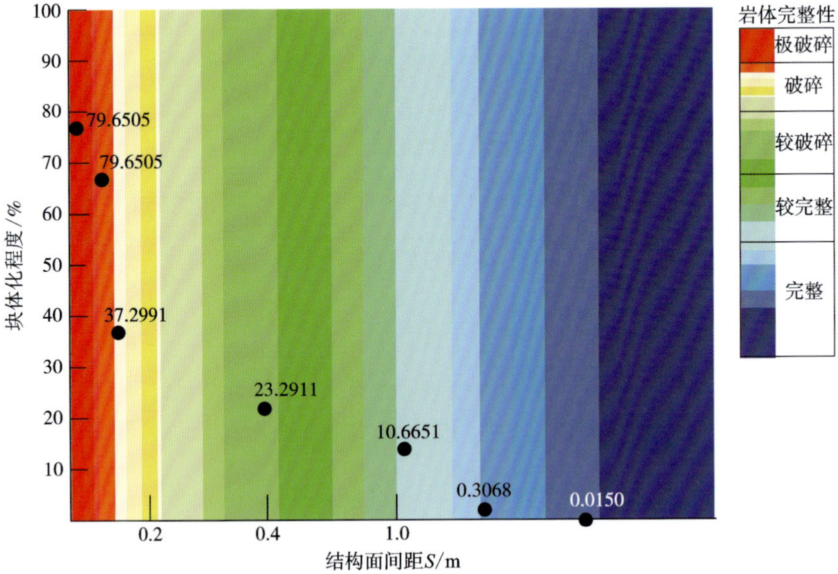

图 2-11 基于结构面间距定性划分的岩体完整性等级

由表 2-17 可知，利用块体化程度确定的高延展性-极密间距岩体、高延展性-很密间距岩体、高延展性-中等间距岩体、高延展性-很宽间距岩体、高延展性-极宽间距岩体的完整性结果与利用结构面间距定性确定的岩体完整性结果一致。

虽然利用块体化程度确定高延展性-密间距岩体均为较破碎岩体，利用结构面间距定性确定该岩体为破碎岩体；利用块体化程度确定的高延展性-宽间距岩体为较完整岩体，而利用结构面间距定性确定该岩体为完整岩体，但两者对岩体的完整性划分结果基本一致。由于块体化程度同时考虑了结构面延展性、结构面间距、块体块度等因素对岩体完整性的影响，使得其计算结果与仅用结构面间距定性划分岩体完整性的结果存在一定差异。

因此，本书提出的基于块体化程度表征的岩体完整性结果与基于结构面间距定性划分的岩体完整性结果具有较好的一致性，能够合理、准确地从三维角度表征岩体完整性。

2.8 块体化程度指标与传统完整性指标的相关性

2.8.1 试验方案

为充分考虑块体化程度与传统岩体完整性指标相关性分析过程一切可能出现

的情况，本书借助大量的模拟试验获取大量人工数据。在理想条件下评价块体化程度 MB_i 指标与体积 RQD、裂隙频率 JF 与体积节理数 J_v 的关联性。当结构面组数 JN 一致的情况下，裂隙岩体的完整程度首先主要受结构面频率或间距影响[19]，其次是裂隙延展性[20]。而其他结构面几何参数，包括裂隙产状、裂隙分布形式等，影响甚微[5]。

如果要同时考虑所有结构面几何参数的影响，则工作量过于庞大。所以，采用文献[8]中的结构面数据，包括结构面平均产状、结构面产状分布类型和结构面迹长分布类型(见表 2-18)。之后，固定表 2-18 中的参数不变，只考虑裂隙间距 JS 和裂隙延展性 JP 的影响，通过不断改变 JS 和 JP 值，构建大量的 DFN 模型。

表 2-18　构建 DFN 模型采用的裂隙参数[8]

结构面组号	1	2	3
迹长分布类型	对数正态分布	对数正态分布	对数正态分布
迹长标准差/m	5.982	5.545	7.323
产状分布类型	Fisher	Fisher	Fisher
Fisher 常数 κ	9.50	7.80	10.49
平均倾向/(°)	80.07	261.77	355.76
平均倾角/(°)	40.22	47.52	71.70

1)“JS-JP”对

既然岩体完整程度主要受裂隙间距与延展性控制，通过以下步骤制定模拟试验方案：选择大量的裂隙间距 JS 值与裂隙延展性 JP 值，形成两组样本；然后将两组样本内的样本值交叉组合，形成大量的“JS-JP”对。

结构面延展性可被分为 5 个级别，结构面间距可被分为 7 个级别(见表 2-19)[21]。分别选取 18 个结构面间距代表值与 10 个结构面延展性代表值，可得到两组样本。从表 2-19 可以看出，选取的结构面间距以 0.02~2 m 居多，这是因为自然界的结构面间距多分布在该区间[21-25]。将两组样本中的样本值(即结构面间距值与延展性值)交叉组合，则可得到 180 对“JS-JP”。固定其他 DFN 模型输入参数，基于这 180 对“JS-JP”，得到 180 种模拟试验方案，继而建立 180 种不同结构类型的 DFN，部分 DFN 模型如图 2-12 所示。其中，所有模型的结构面延展性符合表 2-18 中的分布形式，而结构面间距则以结构面三维密度表示，一组结构面的三维密度可由式(2-15)推导。

表 2-19　ISRM 结构面延展性与间距分级[21]

结构面几何参数	区间/m	选取的代表值/m
间距分级	<0. 02	0. 01
	0. 02~0. 06	0. 04 和 0. 06
	0. 06~0. 2	0. 08，0. 09，0. 13，0. 17 和 0. 20
	0. 2~0. 6	0. 3，0. 4，0. 5 和 0. 6
	0. 6~2. 0	0. 9，1. 3，1. 7 和 2. 0
	2. 0~6. 0	4
	>6	7
延展性分级	0~1	0. 5 和 1. 0
	1~3	2 和 3
	3~10	5 和 10
	10~20	15 和 20
	>20	30 和 40

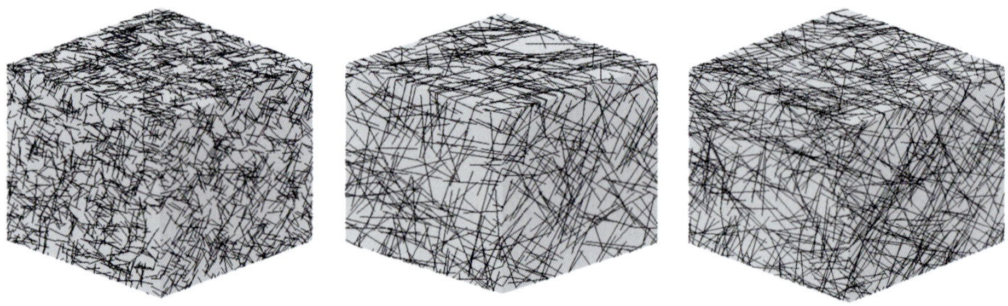

结构面平均直径 0.5 m
结构面平均间距 0.13 m
模型边长 4 m

结构面平均直径 5 m
结构面平均间距 0.4 m
模型边长 12 m

结构面平均直径 30 m
结构面平均间距 2 m
模型边长 80 m

图 2-12　部分 DFN 模型

此外，不管是岩体的几何特性参数还是力学特性参数，都有极为显著的尺寸效应，即岩体的几何 REV 与力学 REV。夏露等[18]指出，不同结构类型的岩体 REV 尺寸大概为 2~20 倍间距。本章所构建的 DFN 尺寸均需满足岩体 REV 的要求(且皆大于结构面延展性)。另外，为了满足 RQD 的测量要求，所有模型的尺寸需大于 1.5 m。

2)数据测取

以布置测线的方式测量 180 个 DFN 的 RQD 与 JF。为了避免测线方向的影响，测线与模型边界都被固定，通过旋转 DFN(旋转方法同 1.4 节)的方式，测量不同方向的模型 RQD 与 JF，如图 2-13 所示。这种方法还可以使得测线的长度保持一致。令测线垂直于 ***XY*** 平面(直角坐标系)且穿过模型的中点(模型的中点为(0, 0, 0))，那么测线与 ***XY*** 平面相交的交点可表达为

$$\begin{cases} x_{\mathrm{L}}=0 \\ y_{\mathrm{L}}=0 \end{cases} \tag{2-16}$$

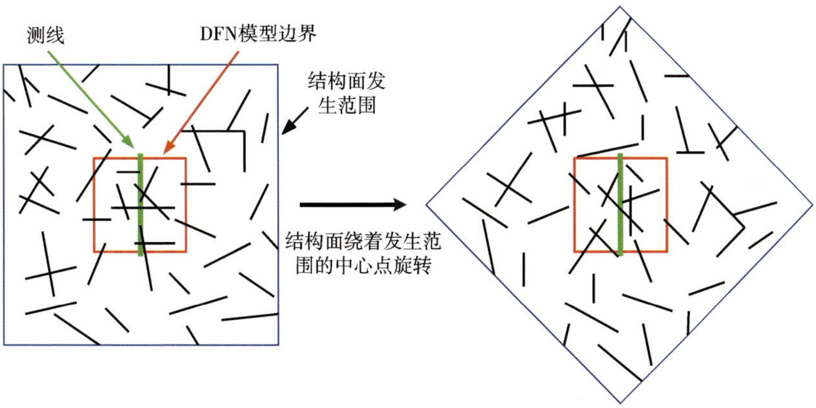

图 2-13　测线布置方式(二维)

模型内的结构面一般可表达为

$$\begin{cases} \boldsymbol{A}(x-x_0)+\boldsymbol{B}(y-y_0)+\boldsymbol{C}(z-z_0)=0 \\ (x-x_0)^2+(y-y_0)^2+(z-z_0)^2=r^2 \end{cases} \tag{2-17}$$

式中：x_0，y_0 和 z_0 为结构面的中心点坐标；r 为结构面半径；$\boldsymbol{A}$，$\boldsymbol{B}$ 和 $\boldsymbol{C}$ 为结构面平面的法向量。

联立式(2-16)、式(2-17)，建立交点方程。若方程存在实数解，则结构面与测线存在交点；反之，不存在交点。得到交点坐标之后，通过简单的运算，则可以求得该测线下模型的 RQD 与 JF。

通过这种测线布置方式，从一个 DFN 模型可以测得大量的 RQD 与 JF(图 2-14)。然后分别求其平均值，作为该模型的(表征)RQD 与 JF。所有模型的(表征)RQD 和 JF 及其均值和标准差如图 2-15 和图 2-16 所示。

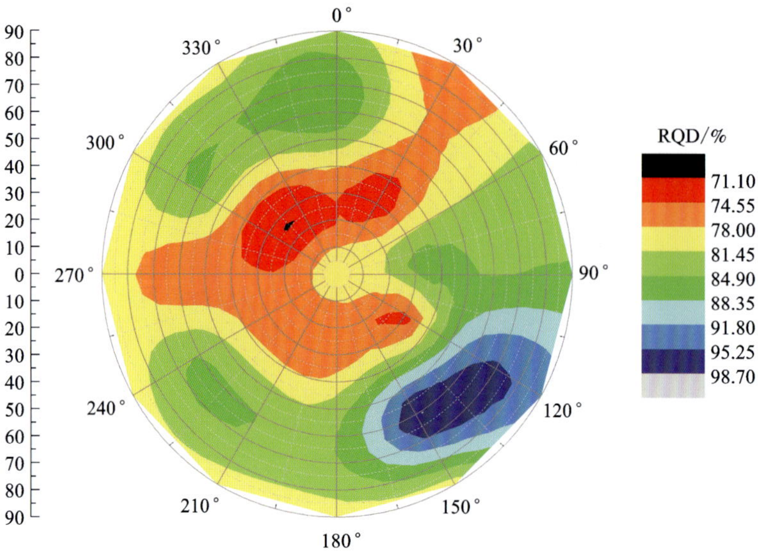

(a) RQD

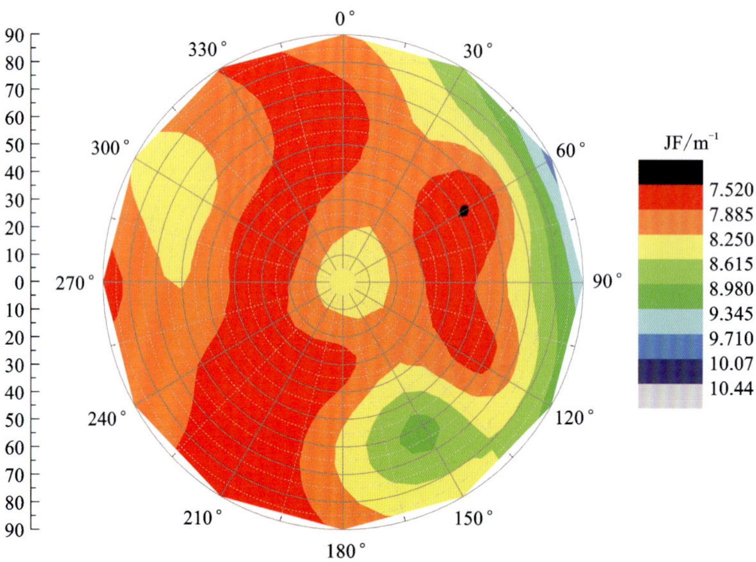

(b) JF

图 2-14 DFN 模型下测得的不同方向的 RQD 与 JF
(结构面间距为 0.17 m，结构面延展性为 0.5 m)

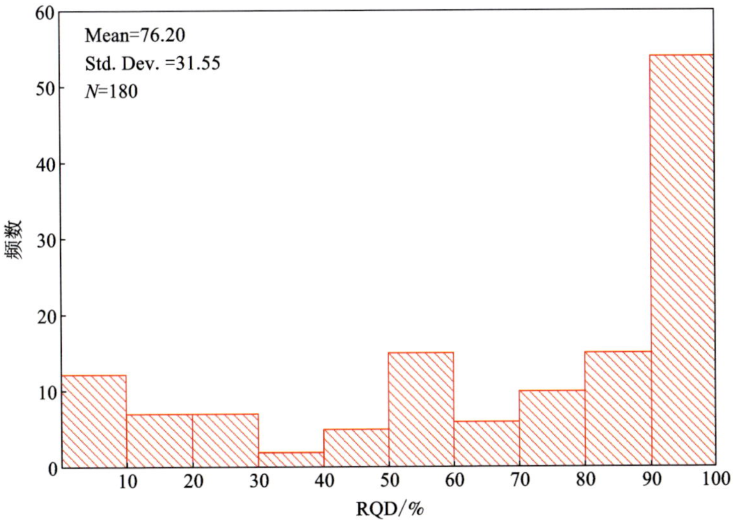

图 2-15　RQD 直方图

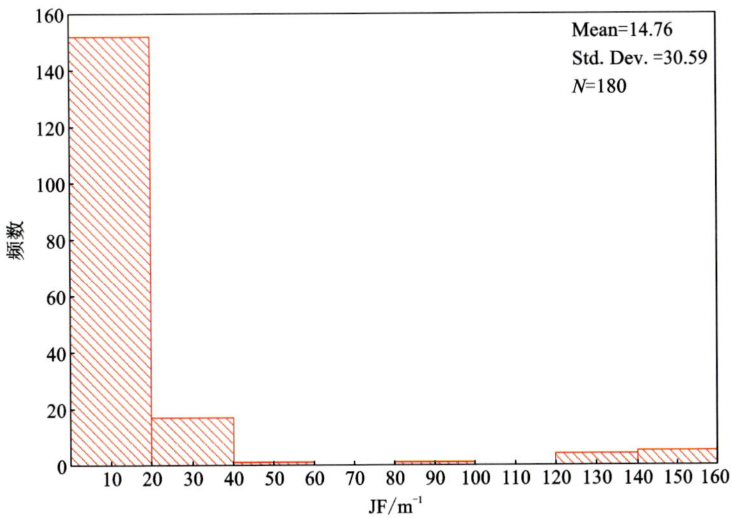

图 2-16　JF 方图

由图 2-15 和图 2-16 可以看出，RQD 较多地分布于[90%，100%]，较少地分布于[30%，40%]；JF 主要分布于[0，20]。

还需计算的是所有模型的 J_V 和 MB_i。在工程实际中，通常在岩体暴露面上观察并测量每组结构面的法向间距来间接计算体积节理数[26]。但显然，在本研究中，可采用更好的方法求取 J_V。考虑到 J_V 的本质(即每单位体积内的裂隙数)，可以发现 J_V 与 P30 是相同的概念。所以，直接计算所有模型的 P30，并将其视为 J_V。另外，所有模型的块体及其尺寸信息将由 GeneralBlock 识别并计算，然后计算所有模型的 MB_i。所有模型的 J_V 与 MB_i 如图 2-17 和图 2-18 所示。

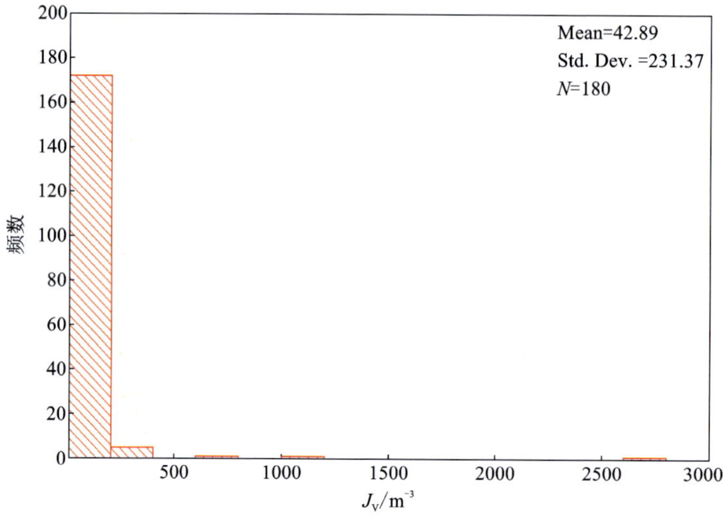

图 2-17　J_V 直方图

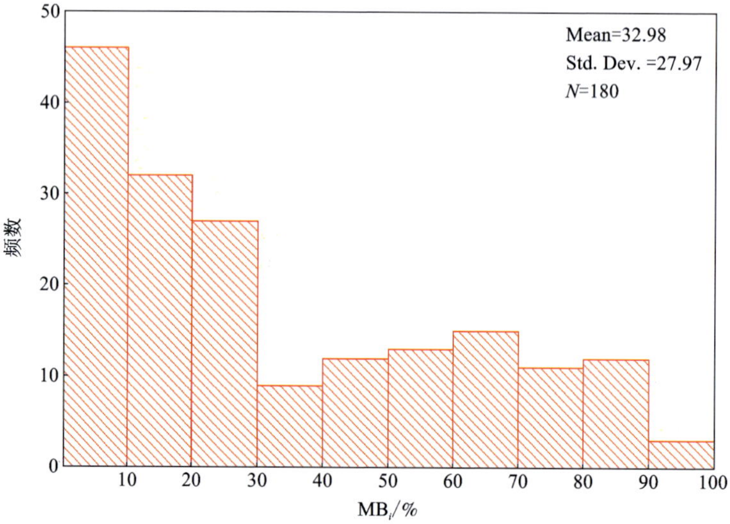

图 2-18　MB_i 直方图

从图 2-17 和图 2-18 可以看出，J_V 主要分布在[0，200]，而 MB_i 值主要分布在[0，30%]。

2.8.2　有效性检验

以前述 180 个 DFN 模型为基础，评价 MB_i 与其他岩体完整性指标的关联性。但在此之前，需要验证这 180 个模型能否代表实际岩体结构的变化趋势。

RQD 与结构面频率 JF 之间的关系式[26]为：

$$RQD=100e^{-0.1JF}(0.1JF+1) \tag{2-18}$$

当 JF 在 6~16 m^{-1} 时，RQD 与 JF 有下列线性关系：

$$RQD=-3.68JF+110.4 \tag{2-19}$$

因此，绘制 RQD 与 JF 散点图，并以式(2-18)与式(2-19)对散点进行回归分析，如图 2-19 所示。

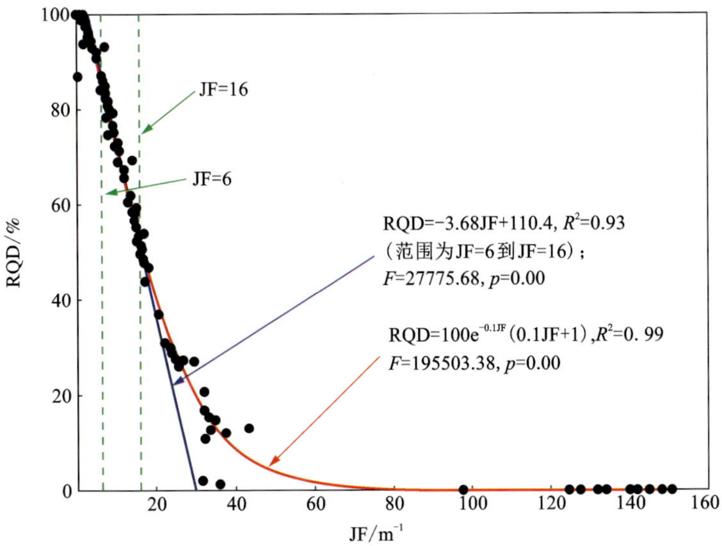

图 2-19　RQD 与 JF 散点图

从图 2-19 可知，利用式(2-18)进行拟合时，拟合决定系数为 0.99；利用式(2-19)进行拟合时，拟合决定系数为 0.93(JF 范围为 6~16 m^{-1})。另外，分别进行 F 检验，模型统计 F 值与 p 值表明零假设被拒绝，回归方程显著，这从侧面证明了通过理论模型测取的数据符合实际变化趋势，是有效可信的模拟方式。

2.8.3　块体化程度与 RQD 关联性

在岩石力学与工程领域中，RQD 是一个评价岩体完整性指标。

已有研究[27]证明，RQD 与 JF、J_V、变形模量、单轴抗压强度等岩体物理力学特性参数之间有不同程度的相关性。既然 MB_i 是岩体块体尺寸的直接反映，那么 MB_i 与 RQD 必然存在一定的联系。

绘制 MB_i 与 RQD 的散点图（见图 2-20），进行线性回归与非线性回归分析，拟合式为

$$MB_i = 90.14 - 0.73 \times RQD \tag{2-20}$$

$$MB_i = 80 - 0.007 \times RQD^2 \tag{2-21}$$

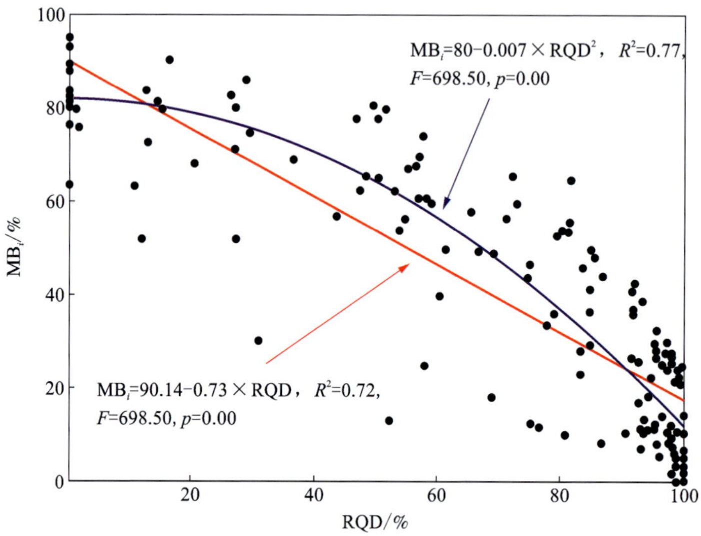

图 2-20　MB_i 与 RQD 关联性（二元，线性与非线性）

图 2-20 表明了式(2-20)、式(2-21)的决定系数分别为 0.72 和 0.77。统计 F 和 p 值也同样被计算，从这两个统计值可知，零假设被拒绝，回归模型显著。

考虑到岩体块体尺寸主要受结构面间距和延展性控制[20]，RQD 主要跟结构面密度相关，如图 2-19 所示。

将结构面延展性 JP 并入 RQD 与 MB_i 的关联性评价，分别利用三元平面和曲面的方式对其关系进行拟合，如图 2-21 和图 2-22 所示。因此，进行多元线性与非线性回归分析，拟合式为

$$MB_i = 82.876 - 0.769 \times RQD + 1.370 \times JP \tag{2-22}$$

$$MB_i = 65.28 + 0.1 \times RQD + 1.67 \times JP - 0.008 \times RQD^2 - 0.03 \times JP^2 \tag{2-23}$$

图 2-21 和 2-22 表明了式(2-22)、式(2-23)的决定系数分别为 0.85 和 0.92。F 检验也被执行，统计 F 和 p 值说明零假设被拒绝，回归模型显著。另外，式(2-22)为多元线性回归模型，对其进行多重共线性检验，如表 2-20 所示。

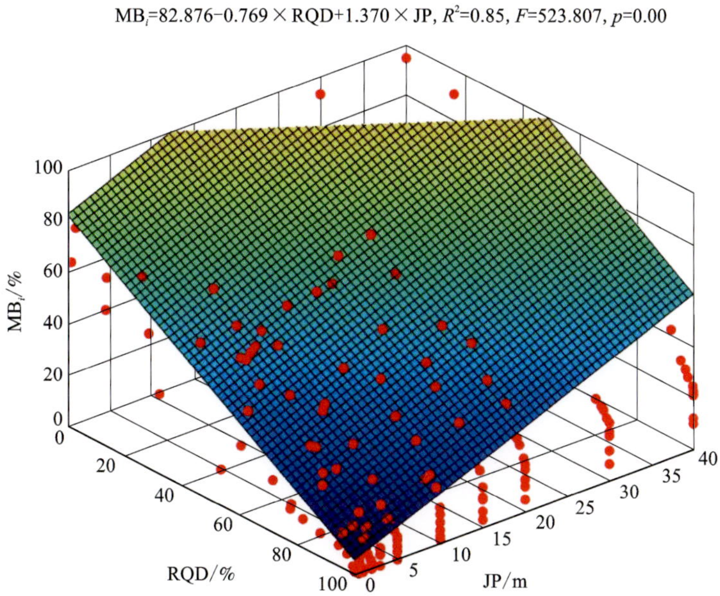

图 2-21　MB$_i$ 与 RQD、JP 关联性(三元，平面)

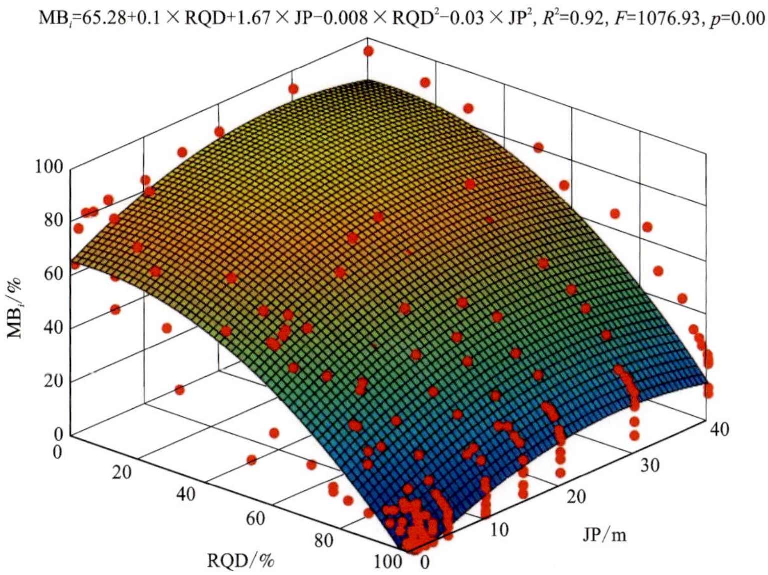

图 2-22　MB$_i$ 与 RQD、JP 关联性(三元，曲面)

表 2-20　多重共线性检验

自变量	回归系数		标准系数	t	Sig.	方差膨胀因子(VIF)
	B	Std. Error	Beta			
常数	82.876	2.237	/	37.054	0.00	/
RQD	-0.769	0.025	-0.867	-30.336	0.00	1.00
JP	1.370	0.124	0.316	11.056	0.00	1.00

表 2-20 包括了所有变量的系数、标准差、t 和 VIF。由表 2-20 可知，所有变量的 VIF 都为 1，说明 RQD 与 JP 之间不存在线性依赖性。

由式(2-20)至式(2-23)可知，MB_i 与 RQD 大体上呈现反比例关系，即 MB_i 越大，RQD 越小。由图 2-20 可以看出，当 RQD 为 0 时，MB_i 的变化范围为[60%，100%]；当 RQD 为 100%时，MB_i 的变化范围为[0，30%]。这可归因于 RQD 与 MB_i 内涵及影响因素不同，即：RQD 只计算大于 10 cm 的岩芯段，而 MB_i 却考虑了不同尺寸的块体；RQD 主要与裂隙密度有关，MB_i 考虑了裂隙密度与延展性。

4 个回归模型的决定系数都相差较大，因此，利用估算值与实测值比较模型的优劣。分别利用式(2-20)至式(2-23)估算 MB_i，结合实测 MB_i 生成散点图，继而进行拟合(该过程不具体图示说明)。拟合的曲线及其对应的决定系数如图 2-23 所示。注意，图 2-23 从上至下虚线依次为利用式(2-20)至式(2-23)估算的 MB_i 与实测 MB_i 的拟合直线。

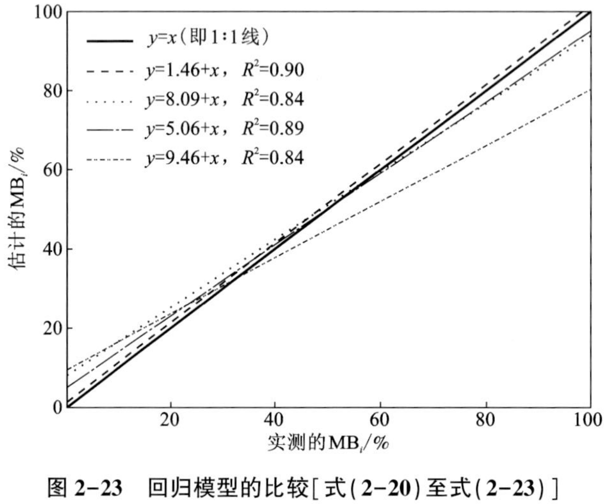

图 2-23　回归模型的比较[式(2-20)至式(2-23)]

由图 2-23 可知，式(2-20)至式(2-23)估算的 MB_i 大都小于实测值，因为对应的拟合曲线大多在 1∶1 线下方；同理，式(2-22)估算的 MB_i 大都大于实测值；有些拟合曲线的决定系数比较大，但却远离 1∶1 线；有些拟合曲线虽然几乎与 1∶1 线吻合，但其决定系数却较小。综合考虑决定系数及直线与 1∶1 线的吻合程度，可认为图 2-23 中式(2-23)对应的回归模型能够较好地显示 MB_i 与 RQD、JP 的相关性。

2.8.4　块体化程度与结构面频率关联性

结构面频率 JF 与 RQD 有良好的相关性，那么由于 MB_i 相当于 RQD 的一种延伸，探讨 MB_i 与 JF 的关联性显得很有必要。

绘制 MB_i 与 JF 散点图，如图 2-24 所示。

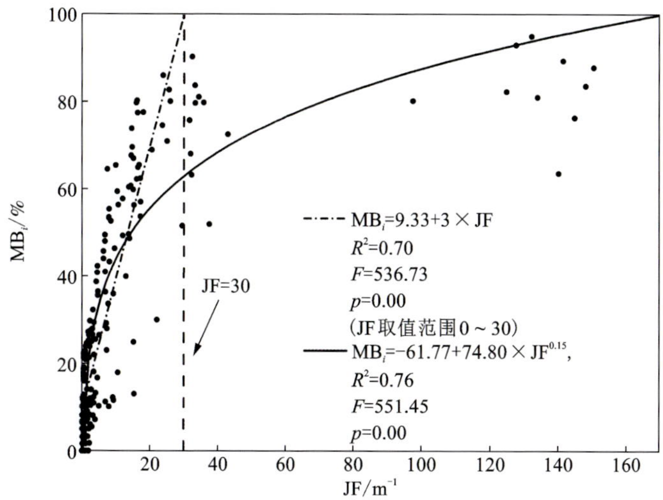

图 2-24　MB_i 与 JF 关联性

通过非线性回归分析，可得出

$$MB_i=-61.77+74.80\times JF^{0.15} \tag{2-24}$$

由图 2-24 可知，回归模型的决定系数为 0.76；统计 F 与 p 分别为 551.45 和 0.00，说明零假设被拒绝，模型显著。当 JF≤30 时，MB_i 与 JF 有线性关系式为

$$MB_i=9.33+3\times JF \tag{2-25}$$

其决定系数为 0.70，统计 F 为 536.73，p 为 0.00。另外发现，当 JF 约大于 30 时，MB_i 与 JF 之间不存在相关性，此时 JF 不随 MB_i 改变。

将 JP 考虑在内，深入探讨 MB_i 与 JF 的关联性，但其范围仅限于 JF≤30。由图 2-25 与图 2-26 可知，开展多元线性与非线性回归分析，拟合式为

$$MB_i = 0.78 + 2.94 \times JF + 0.69 \times JP \tag{2-26}$$

$$MB_i = -8.09 + 5.18 \times JF + 1.69 \times JP - 0.11 \times JF^2 - 0.03 \times JP^2 \tag{2-27}$$

回归模型式(2-26)、式(2-27)的决定系数分别为 0.84 和 0.91。F 检验被执行，两个回归模型的统计 F 与 p 表明零假设被拒绝，回归模型显著。回归模型式(2-26)的多重共线性检验结果(具体过程不表)表明，JF 与 JP 之间不存在线性依赖性。

为进一步分析块体化程度 MB_i 与 JF 的关系，同样分别绘制 MB_i 与 JF 关联性的三元平面与三元曲面图，如图 2-25、图 2-26 所示。

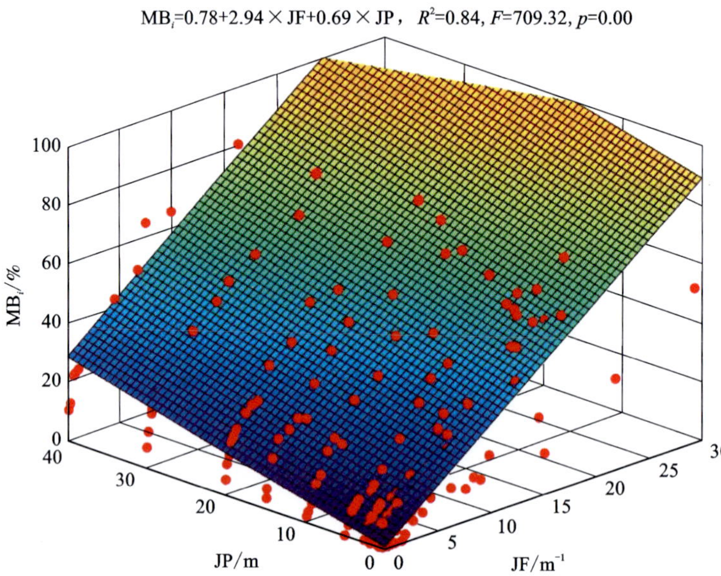

图 2-25　MB_i 与 JF 关联性

由图 2-24 至图 2-26 可知，MB_i 与 JF 大致存在正比关系，但是当 JF>30 时，MB_i 与 JF 之间并不存在显著的相关性。用式(2-24)至式(2-27)估算 MB_i 值(仅限于 JF≤30)并结合实测值生成散点图，进行拟合分析，得到拟合直线，如图 2-27 所示。

由图 2-27 可知，多元回归模型，即式(2-26)的估算效果比较好，能够更好地估算，因为获得的决定系数较大，拟合直线也较趋近于 1∶1 线。

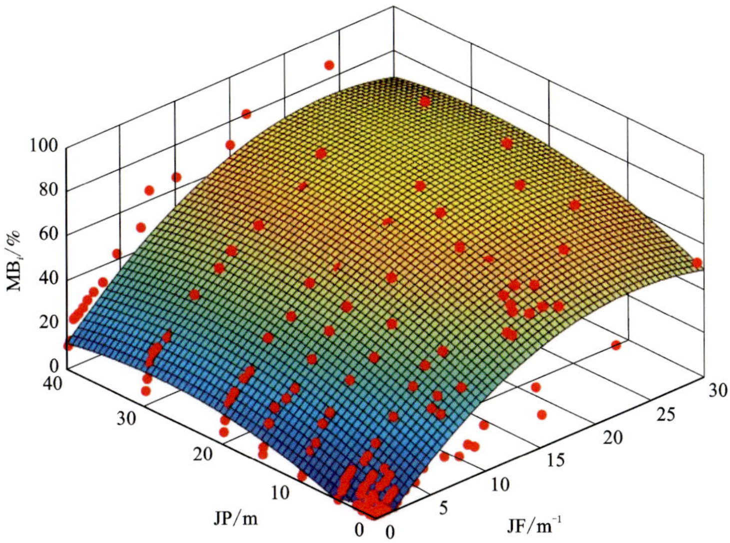

图 2-26 MB$_i$ 与 JF 关联性

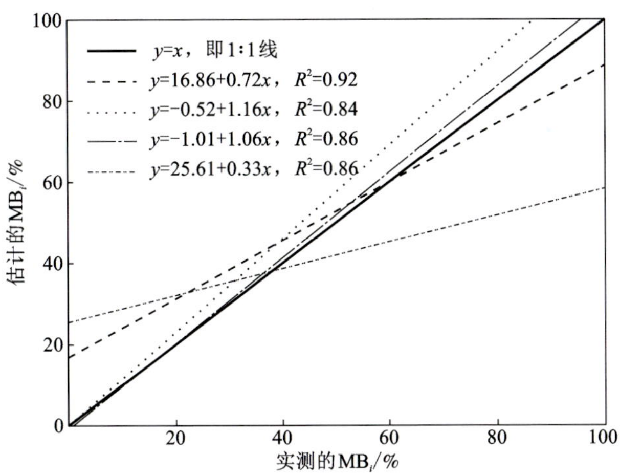

图 2-27 回归模型的比较[式(2-24)至式(2-27)]

2.8.5 块体化程度与体积节理数关联性

绘制 MB$_i$ 与 J_V 散点图，如图 2-28 所示。由图 2-28 可知，因为 J_V 之间数量级相差较大，所以用对数化表示，且不同颜色的散点表示不同的延展性。可以发现，散点非常离散，直接进行回归分析略为不妥。但可以粗略看出，在散点形状（即延展性）相同情况下，MB_i 随着 J_V 增大而增大。因此，将延展性一并考虑，进行回归分析可能效果更好。

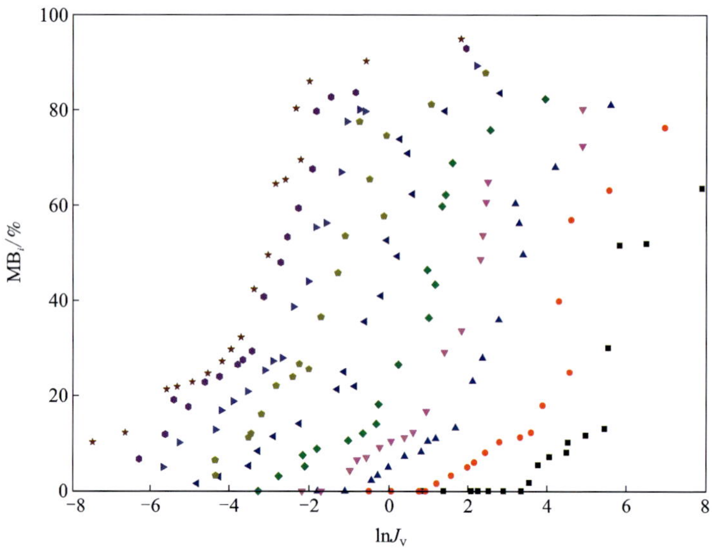

图 2-28 MB_i 与 J_V 散点

由图 2-29 可知，开展多元非线性回归分析，拟合式为

$$MB_i=(74.383+0.864\times JP)\times[1+\exp(-2.489+8.06\times 0.842^{JP}-0.938\times \ln J_V)]^{-1} \tag{2-28}$$

此外，回归模型的决定系数为 0.89，统计 F 值与 p 值分别为 603.96 和 0.00，表明零假设被拒绝，回归方程显著。由此可以看出，MB_i 与 J_V、JP 之间存在相当好的关联性，当 J_V 增大时，MB_i 随之增大。图 2-29 也间接证明了相比于 RQD，MB_i 能够很好地与 J_V 建立联系，说明 MB_i 是一个三维块度测量指标，就像 J_V 一样，但能够额外考虑结构面延展性。

利用式(2-28)估算 MB_i，与实测 MB_i 一同绘制散点图(如图 2-30 所示)。执行拟合分析，得到拟合直线方程如图 2-30 所示。尽管决定系数相当高，但是拟合直线处于 1∶1 线下方，说明实测值普遍比预测值要大。

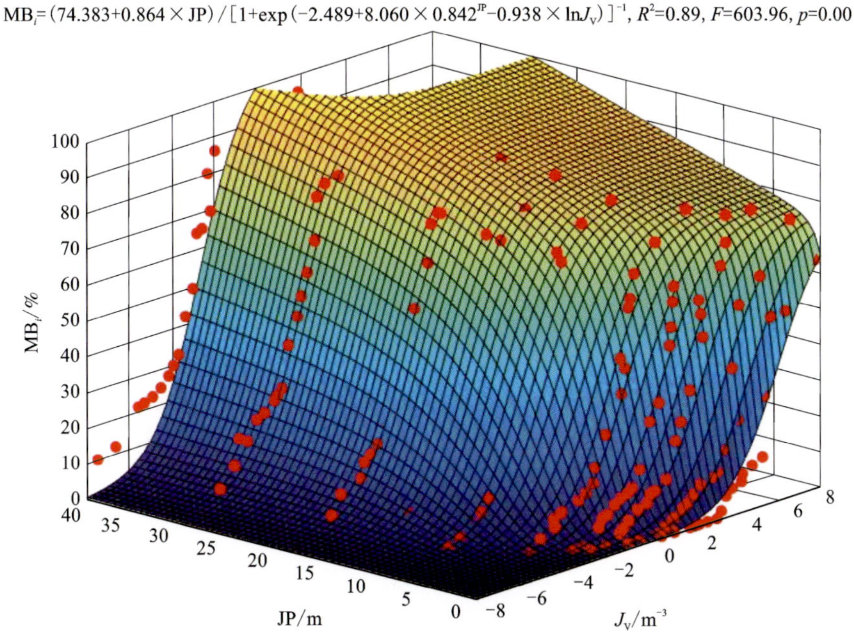

图 2-29　MB_i 与 J_V 三维散点图及关联性(三元，曲面)

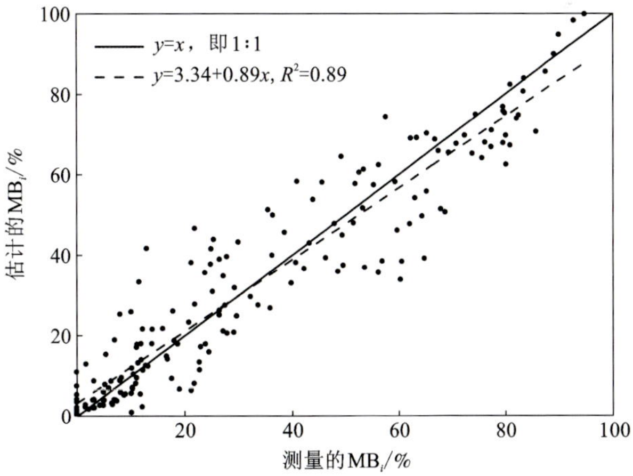

图 2-30　实测 MB_i 与估算的 MB_i 比较[式(2-28)]

2.9 块体化程度指标的裂隙参数影响机理

块体化程度指标主要受裂隙参数影响，但这些裂隙参数是如何通过内在作用从而影响块体化程度的指标相关研究较少。本节基于离散裂隙网络法，建立裂隙岩体三维裂隙网络模型求出块体化程度，基于灰色关联分析法分析了岩体裂隙的各参数和块体化程度指标之间的灰色关联度，排序求出对块体化程度影响最大的参数，从根本上阐释块体化程度指标的内在影响机理。

2.9.1 块体化程度指标的主控影响因素

作为岩体块体化程度数值衡量的指标，块体百分比 MB_i 反映裂隙将岩体切割成离散块体体系的程度。所以，岩体性质的基本参数可以用块体百分比 MB_i 描述。块体百分比最为突出的优势是能直观地反映裂隙切割岩体的程度，MB_i 越小，越接近于 0 时，表示岩体完整性越好；而当 MB_i 越大越接近于 1 时，表明裂隙切割岩体情况严重。

与岩体裂隙相关的参数有：裂隙的延展性、间距、产状、摩擦角以及黏滞系数等；其中，影响块体化程度的指标有延展性、间距及产状 3 种具有独立意义的主控影响因素。

1）裂隙间距对块体化程度的影响

裂隙间距是指两相邻裂隙面之间的垂直距离。一般情况下，裂隙间距越大，互相交切的概率越小，岩体块体化程度越小，完整性越好；反之亦反[28]。

2）裂隙延展性对块体化程度的影响

裂隙延展性是指在空间上裂隙平面的延展程度或面积的大小，即裂隙规模的连续性。该参数是影响块体化程度的指标中最重要和最难量化的几何参数。裂隙的延展性可由迹长近似地表示，也就是裂隙面与露头面的交线。裂隙的延展性越大，其切穿裂隙间距的可能性越大，形成块体的概率越大，岩体块体化程度越高[8]。

3）裂隙产状对块体化程度的影响

裂隙产状是指裂隙在空间产出的状态和方位的总称。块体由 3 组裂隙互相交切形成，当 3 组裂隙产状互不平行时，裂隙之间才会相互交切，形成块体；若 3 组产状平行，则无法形成块体。

2.9.2 裂隙网络模型构建与块体化程度指标的确定

1）参数选取

基于 GeneralBlock 软件建立三维裂隙网络模型时，首先要对岩体裂隙的延展性、间距及产状这 3 组参数进行数值选取。选取方式如下：

(1)裂隙延展性选取。根据国际岩石力学学会(ISRM)推荐的裂隙延展性大小的分级标准表(见表 2-21)，取各分级标准的上下界限的中间值，即 0.5 m、2 m、6.5 m、15 m、30 m 作为建立三维裂隙岩体模型的裂隙延展性数值。

(2)岩体裂隙间距选取。岩体裂隙间距的选取，同样参考国际岩石力学学会给出的分级标准，见表 2-22。

表 2-21　岩体裂隙延展性分级

延展性分级	界限值/m
非常低	<1
低	[1, 3)
中等	[3, 10)
高	[10, 20)
非常高	≥20

表 2-22　岩体裂隙间距分级

间距分级	界限值/mm
极密	<20
很密	[20, 60)
密	[60, 200)
中等	[200, 600)
宽	[600, 2000)
很宽	[2000, 6000)
极宽	≥6000

裂隙间距选取各分级标准的上下界限中间值，即 10 mm、40 mm、130 mm、400 mm、1300 mm、4000 mm、8000 mm 组作为建立三维裂隙岩体模型时裂隙间距的 7 组取值。

在 GeneralBlock 软件中需要把间距转换为三维密度。三维密度与间距成反比，可通过间距与延展性之间的关系计算[见式(2-15)]，换算结果如表 2-23 所示。

(3)岩体裂隙产状的选取。构建岩体结构模型时，由于块体是由 3 组裂隙相交形成，所以不能以单一裂隙产状作为参数，而是将形成块体的 3 组裂隙产状作为整体进行分析。令延展性为 15 m，间距为 40 mm，以 3 个不同倾向倾角的裂隙组为一组，随机设定 6 组产状各异的裂隙，如表 2-24 所示。

(4)裂隙分布方式选取。在裂隙概率分布模型中，平均分布、Fisher 分布、正态分布、二元正态分布、负指数分布和经验概率分布广泛用于描述裂隙分布情况。

由于测量误差和地质构造的复杂性，很难确定岩体中裂隙产状的最佳分布。实际应用中常用 Fisher 分布描述裂隙产状数据。

表 2-23　35 种结构面延展性和间距组合岩体模型的三维密度

间距/mm ＼ 延展性/m	0.5	2	6.5	15	30
10	509.5541	31.84713	3.015133	0.566171	0.141543
40	127.3885	7.961783	0.753778	0.141543	0.035386
130	39.19647	2.44978	0.231932	0.043552	0.010888
400	12.73885	0.796178	0.075378	0.014154	0.003539
1300	3.919647	0.244978	0.023193	0.004355	0.001089
4000	1.273885	0.079618	0.007539	0.001415	0.000354
8000	0.3636943	0.039809	0.003769	0.000708	0.000177

表 2-24　6 组裂隙产状

产状编号	1	2	3	4	5	6
倾向 1/(°)	45	45	30	30	60	60
倾角 1/(°)	90	90	60	60	30	30
倾向 2/(°)	135	105	90	120	45	30
倾角 2/(°)	90	90	30	30	60	60
倾向 3/(°)	60	60	45	45	30	75
倾角 3/(°)	0	0	30	30	90	90

2) 网络模型的生成

对参考裂隙的参数进行假设后开始构建三维裂隙岩体网络模型，根据参数设置利用 GeneralBlock 软件构建出不同产状、不同间距和不同延展性(直径)的三维裂隙模型图。图 2-31 为部分三维岩体裂隙模型示意图。

由图 2-31 可知，延展性越小，间距越大时，模型中生成的随机裂隙数量越少，裂隙之间互相交切的条数也越少，如模型(a)所示；裂隙延展性越大，间距越小时，模型中生成的随机裂隙数量也越多，裂隙之间互相交切的条数也越多，如模型(b)和模型(c)所示；裂隙产状分布情况不同时也会影响到块体的形成，如模型(d)和模型(e)所示。

3) 岩体块体化程度随参数变化的规律

在参数选取、裂隙岩体三维网络模型构建、块体识别及块体百分比计算完成后，获得间距与延展性不同情况下的 35 组模型块体化程度，如图 2-32 所示。

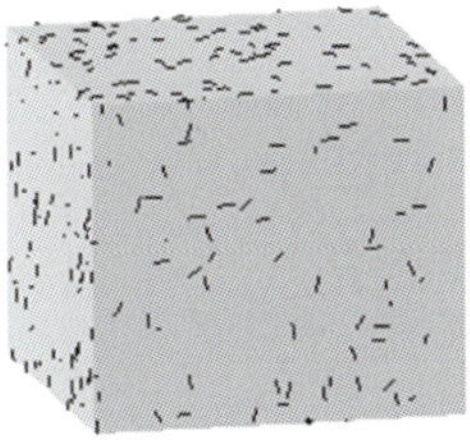

(a)
产状编号 1（延展性 0.5 m，间距 8000 mm）

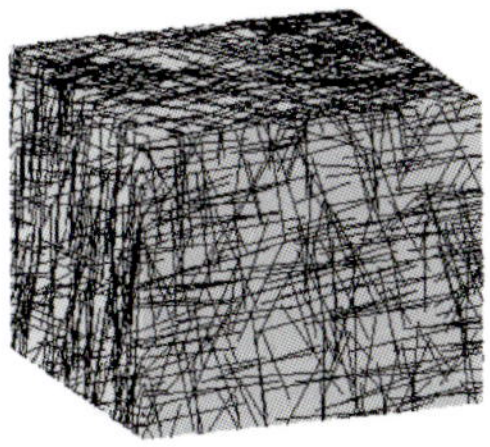

(b)
产状编号 1（延展性 2 m，间距 130 mm）

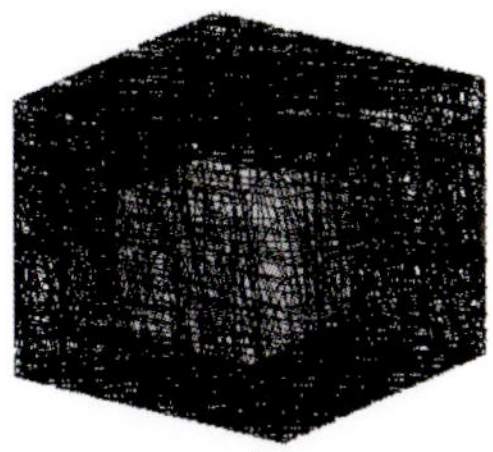

(c)
产状编号 1（延展性 15 m，间距 40 mm）

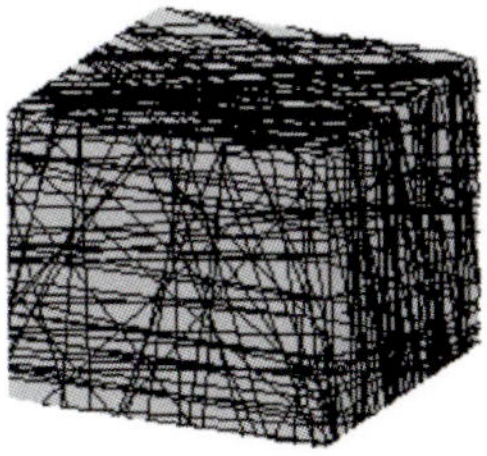

(d)
产状编号 2（延展性 15 m，间距 40 mm）

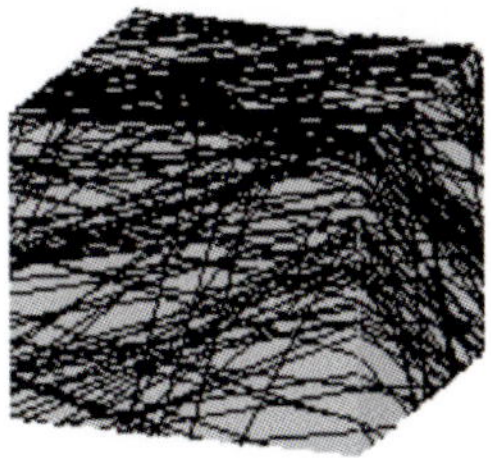

(e)
产状编号 3（延展性 15 m，间距 40 mm）

图 2-31　不同间距、不同延展性及不同产状对应的部分三维岩体裂隙模型

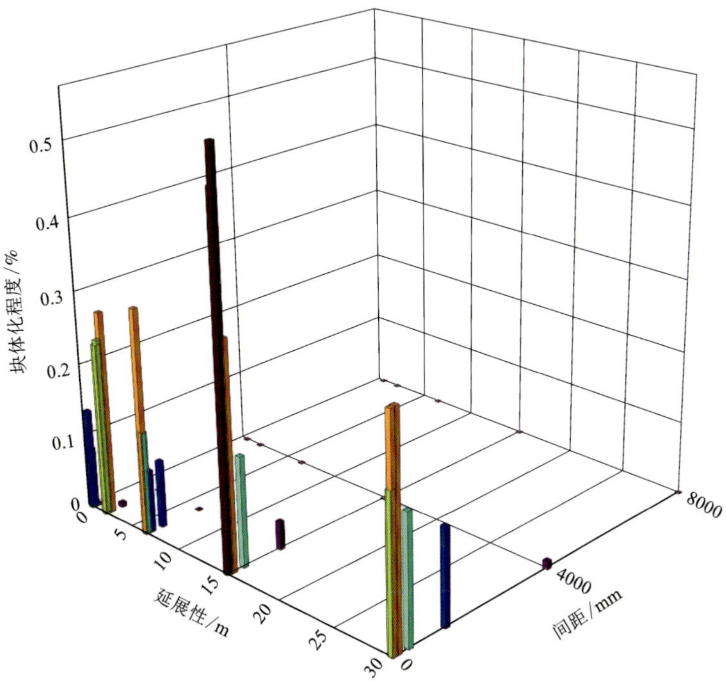

图 2-32　不同间距、不同延展性情况下各模型的块体化程度

对块体化程度与间距、块体化程度与延展性之间的关系进行绘图分析，如图 2-33 和图 2-34 所示。

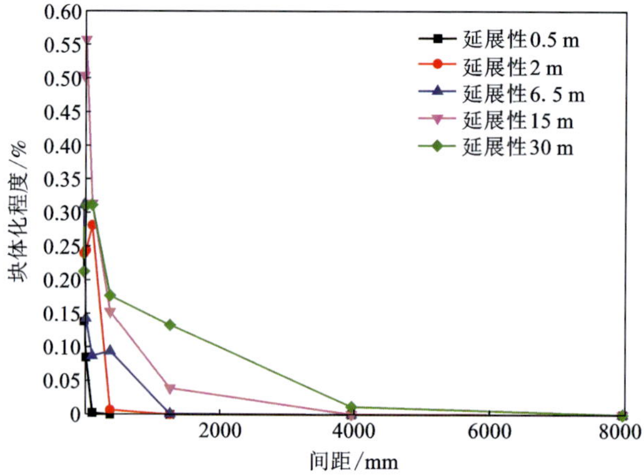

图 2-33　块体化程度与间距之间的关系

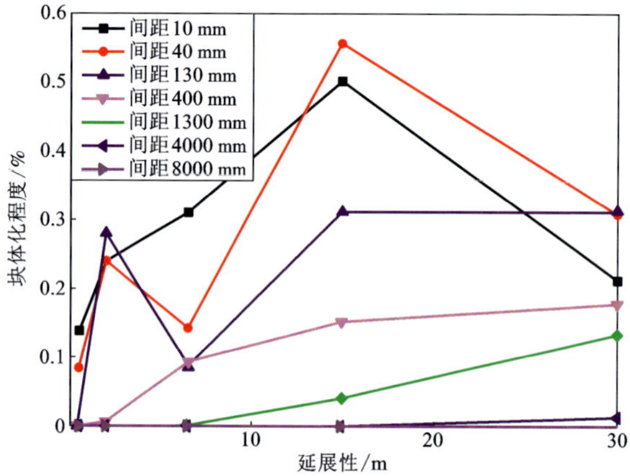

图 2-34　块体化程度与延展性之间的关系

由图 2-33 可知，随着间距的增大，块体化程度总体减小，但在 0~40 mm 间距处，延展性为 2 m、6. 5 m、15 m 的模型块体化程度会有所增长。这可能与裂隙延展性、产状的随机分布有关。

由图 2-34 可知，当延展性增大时，相交裂隙的数量增加，块体化程度总体上处于增长状态，但并非严格的单调递增。延展性为 2~6. 5 m、间距为 40 mm、130 mm 的模型以及延展性为 15~30 m、间距为 10 mm、40 mm 的模型块体化程度降低。

在改变产状求块体化程度时，对 6 组随机生成的裂隙产状进行统计并作产状玫瑰花图，块体每一组裂隙产状分布如图 2-35 所示，各产状下模型块体化程度值如图 2-36 所示。

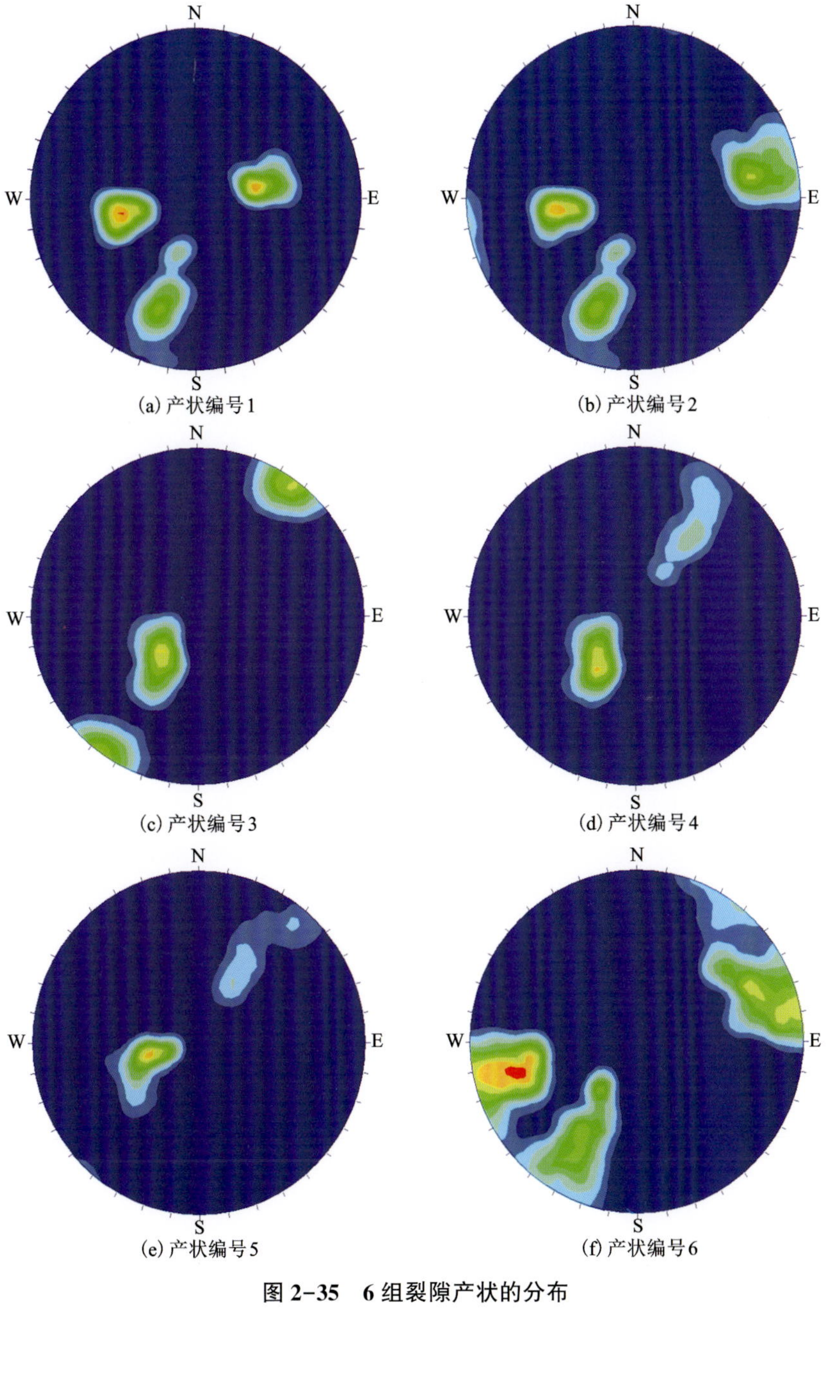

(a) 产状编号 1　(b) 产状编号 2
(c) 产状编号 3　(d) 产状编号 4
(e) 产状编号 5　(f) 产状编号 6

图 2-35　6 组裂隙产状的分布

图 2-35 表明，裂隙产状均服从 3 组不同倾向、不同倾角的分布。图 2-36 表明，当 3 组裂隙产状中任两组及以上比较接近时，裂隙交切形成块体的概率降低，裂隙块体化程度低。

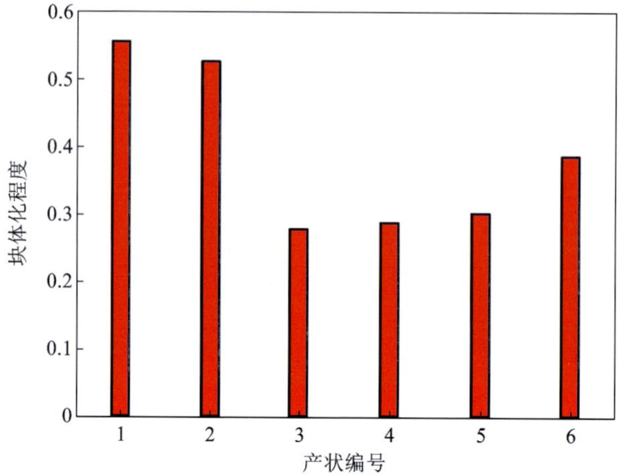

图 2-36　不同产状下各模型块体化程度

综合图 2-32 至 2-36 可知，裂隙间距较大的模型，相交裂隙数量少，形成的块体数量也比较少，块体化程度低；裂隙间距较小的模型，相交裂隙数量多，形成的块体数量也较多，块体化程度高。随着延展性的增大，3 组相交裂隙的数量增多，形成的块体数量增加，块体化程度总体上也随之增长。当岩体裂隙间距达到 40 mm、裂隙延展性达到 15 m 时，块体化程度最大，为 55.64%；当间距为 8000 mm 时，各模型的块体化程度等于或趋向于 0。

2.9.3　灰色关联度分析

1)灰色关联度分析法

灰色关联度分析的基本思想是根据序列曲线几何形状的相似程度来判断不同序列之间的联系是否紧密，曲线几何形状越接近，相应序列之间的关联度就越大，反之越小。灰色关联度分析法在工程领域得到了广泛应用[29]。

2)裂隙间距与块体化程度的关联度分析

对裂隙间距数据分别进行无量纲化处理，然后求其与块体化程度之间的关联度，过程如下。

(1)参考序列与比较序列的生成。设间距序列 X_0 为系统行为序列，块体化程度 $X_i(i=0, 1, 2, 3, 4, 5)$ 为相关因素序列，生成的原始序列数据见表 2-25。

表 2-25　间距与块体化程度的原始矩阵

X_0	X_1	X_2	X_3	X_4	X_5
10	0. 138032	0. 239283	0. 310871	0. 503045	0. 212419
40	0. 084519	0. 244693	0. 142368	0. 556448	0. 310351
130	0. 002532	0. 280818	0. 086587	0. 312974	0. 31125
400	1. 31E-07	0. 006463	0. 093526	0. 152229	0. 176643
1300	0	0	0. 000827	0. 039013	0. 132891
4000	0	0	0. 000278	0. 00012	0. 011804
8000	0	0	0	2. 25E-05	0. 000201

(2)无量纲化处理。为避免单位不一致对关联度分析产生影响，需要对原始时间序列进行无量纲化处理，使处理后的序列起点重合。对原始矩阵进行无量纲化处理后的序列记为 $X_i^{(0)}(i=0, 1, 2, 3, 4, 5)$，结果如表 2-26 所示。

(3)求灰色关联度。对无量纲化处理后的结果计算关联度时，令关联系数 $\delta=0.5$，求得灰色关联度(见表 2-27)。

根据表 2-27，求得裂隙间距与块体化程度的灰色关联度 $\gamma_1=0.7799$。

表 2-26　间距与块体化程度序列无量纲化处理结果

$X_1^{(0)}$	$X_2^{(0)}$	$X_3^{(0)}$	$X_4^{(0)}$	$X_5^{(0)}$
0. 138032	0. 239283	0. 310871	0. 503045	0. 2124194
0. 222551	0. 483976	0. 453239	1. 059493	0. 3103508
0. 225083	0. 764794	0. 539826	1. 372467	0. 3112498
0. 225083	0. 771257	0. 633352	1. 524697	0. 1766428
0. 225083	0. 771257	0. 634179	1. 563709	0. 1328913
0. 225083	0. 771257	0. 634457	1. 563829	0. 0118038
0. 225083	0. 771257	0. 634457	1. 563852	0. 0002007

表 2-27　延展性变化时间距与块体化程度的灰色关联度

延展性/m	0. 5	2. 0	6. 5	15. 0	30. 0
灰色关联度	0. 779	0. 780	0. 779	0. 780	0. 781

3)裂隙延展性与块体化程度之间的关联度分析

延展性与块体化程度的灰色关联度计算过程如下:

(1)生成参考序列与比较序列,原始矩阵见表2-28;

(2)无量纲化处理,对上一步得到的原始矩阵进行无量纲化处理后的序列记为 $Y_i^{(0)}(i=0, 1, 2, 3, 4, 5)$,得出的结果见表2-29。

(3)求得间距变化时延展性与块体化程度的灰色关联度见表2-30。

根据表2-30,求得裂隙延展性与块体化程度的灰色关联度 $\gamma_2=0.6225$。

表2-28 延展性与块体化程度的原始矩阵

Y_0	Y_1	Y_2	Y_3	Y_4	Y_5	Y_6	Y_7
0.5	0.138032	0.084519	0.002532	1.31E-07	0	0	0
2.0	0.239283	0.244693	0.280818	0.006463	0	0	0
6.5	0.310871	0.142368	0.086587	0.093526	0.000827	0.000278	0
15.0	0.503045	0.556448	0.312974	0.152229	0.039013	0.000120	2.25E-05
30.0	0.212419	0.310351	0.31125	0.176643	0.132891	0.011804	0.000201

表2-29 延展性与块体化程度序列无量纲化处理结果

$Y_1^{(0)}$	$Y_2^{(0)}$	$Y_3^{(0)}$	$Y_4^{(0)}$	$Y_5^{(0)}$	$Y_6^{(0)}$	$Y_7^{(0)}$
0.212419	0.267676	0.198832	0.857720	0.034546	0.002440	0.000045
0.316405	0.313465	0.247907	0.107215	0.043183	0.003051	0.000056
0.342112	0.336389	0.236937	0.140799	0.057577	0.004067	0.000074
0.357732	0.433399	0.312112	0.164436	0.085952	0.005962	0.000112
0.212419	0.310351	0.31125	0.176643	0.132891	0.011804	0.000201

表2-30 间距变化时延展性与块体化程度的灰色关联度

间距/mm	10	40	130	400	1300	4000	8000
灰色关联度	0.693	0.712	0.703	0.625	0.508	0.567	0.506

4)裂隙产状与块体化程度关联度分析

在计算间距、延展性与块体化程度的灰色关联度时,用三维灰色关联分析模型来计算产状与块体化程度的灰色关联度。

(1)设定行为矩阵。令产状的行为矩阵为 $\boldsymbol{X}_1$，块体化程度的行为矩阵为 $\boldsymbol{X}_2$，两组行为矩阵为

$$\boldsymbol{X}_1=\begin{bmatrix}45 & 45 & 30 & 30 & 120 & 60\\ 90 & 90 & 60 & 60 & 30 & 30\\ 135 & 105 & 90 & 120 & 45 & 105\\ 90 & 90 & 30 & 30 & 60 & 60\\ 60 & 60 & 45 & 45 & 30 & 75\\ 0 & 0 & 30 & 30 & 90 & 90\end{bmatrix} \tag{2-29}$$

$$\boldsymbol{X}_2=[0.556448] \tag{2-30}$$

(2)计算始边零化像。设系统行为矩阵 $\boldsymbol{X}=(\boldsymbol{a}_{ij})_{M\times N}$，$D$ 为矩阵算子，$\boldsymbol{XD}=(\boldsymbol{a}_{ij}\boldsymbol{d})_{M\times N}$，其中 $\boldsymbol{a}_{ij}\boldsymbol{d}=\boldsymbol{a}_{ij}-\boldsymbol{a}_{i1}$。则 D 称为行为矩阵的始边零化算子，$\boldsymbol{XD}$ 称为 X 的始边零化像。行为矩阵 $\boldsymbol{X}_1$、$\boldsymbol{X}_2$ 进行始边零化像的计算结果为

$$\boldsymbol{X}_1^{(0)}=\begin{bmatrix}0 & 45 & 0 & 30 & 120 & 60\\ 0 & 90 & 0 & 60 & 30 & 30\\ 0 & 105 & -30 & 120 & 45 & 105\\ 0 & 90 & 0 & 30 & 60 & 60\\ 0 & 60 & 0 & 45 & 30 & 75\\ 0 & 0 & 0 & 30 & 90 & 90\end{bmatrix} \tag{2-31}$$

$$\boldsymbol{X}_2^{(0)}=[0] \tag{2-32}$$

(3)计算二重积分值。两个矩阵的二重积分值计算式为

$$s=\int_1^M\int_1^N X_P^0\mathrm{d}x\mathrm{d}y=\sum_{i=1}^{M-1}\sum_{j=1}^{N-1}\left[\frac{1}{6}(a_{i,j}^0+a_{i+1,j+1}^0)+\frac{1}{3}(a_{i+1,j}^0+a_{i,j+1}^0)\right] \tag{2-33}$$

式中：M、N 分别为矩阵的行数与列数。

由式(2-33)计算可得，$\boldsymbol{X}_1$、$\boldsymbol{X}_2$ 的二重积分值分别为：$s_1=925$，$s_2=0$。三维灰色关联度计算式为

$$\gamma_3=\frac{1+|s_1|+|s_2|}{1+|s_1|+|s_2|+|s_1-s_2|} \tag{2-34}$$

s_1、s_2 代入式(2-34)中计算得出产状与块体化程度的灰色关联度为 $\gamma_3=0.34$。

5)裂隙参数与块体化程度指标关联度综合分析

根据已确定的裂隙岩体块体化程度及由灰色关联分析法得到的各参数关联度可知，3 组参数对岩体块体化程度指标影响的排序为 $\gamma_1>\gamma_2>\gamma_3$。对岩体块体化程度指标而言，裂隙间距对块体化程度影响远高于裂隙产状对块体化程度的影响，略高于延展性对块体化程度的影响。因此，工程应用中对裂隙岩体块体化程度的

影响参数，需要着重考虑岩体裂隙间距大小，其次为延展性，再次为产状。

2.10 应用实例

2.10.1 案例一

锌多金属矿体+255 m 中段与+305 m 中段岩体完整性较好，质量等级为Ⅱ级，围岩较坚硬，且强度较高。选取沿矿体倾向第一和第二条穿脉巷道之间，长度约 100 m，高度为中段高度(50 m)，沿走向长约 60 m 的 4#矿块为试验区，开展岩体块体化程度评价的工程应用。试验区岩体单轴抗压强度约为 80 MPa，RQD 为 82%，节理间距约为 0.46 m。节理连续，结合程度较好，结构面表面光滑，张开度约为 2 mm，结构面内多为钙质充填，含有少量铁质充填物。

基于区域结构面调查数据，利用 GeneralBlock 软件建立 60 m×100 m×50 m 的岩体三维结构模型，识别岩体内的块体并计算块体体积百分比。经计算试验区岩体 MB_i 为 11.18%，为轻度块状化等级岩体，如图 2-37 所示。

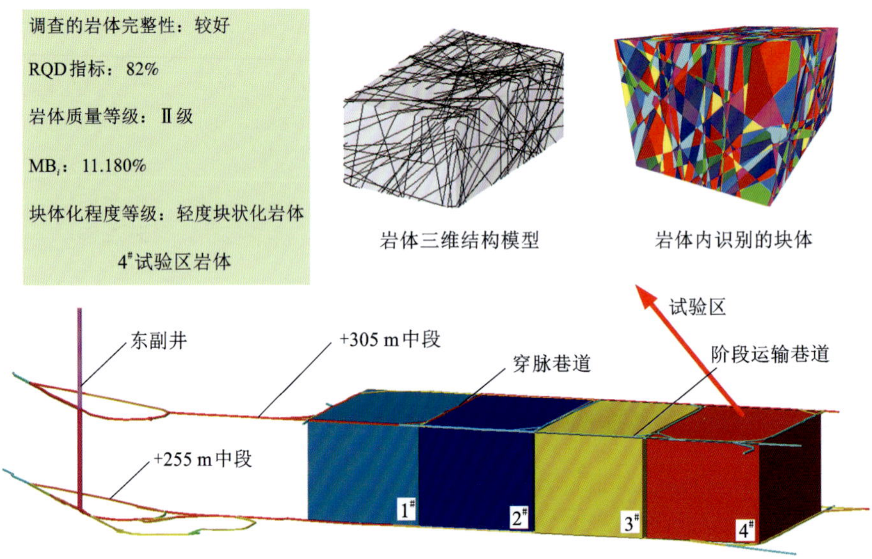

图 2-37 试验区岩体块体化程度评价结果

基于结构面结合状态，依据表 2-11 与表 2-12 可将结构面结合程度系数 L 取为 0.9。因而，岩体的完整性程度判断指标 I=12.296%，即岩体处于较完整级别。

由图 2-37 可知，利用修正的块体化程度评价方法刻画的岩体块体化程度、岩体完整性符合实际情况。因此，本书构建的块体化程度修正评价方法能够从三维角度准确表征岩体完整性。

2.10.2　案例二

乌东德水电工程位于中国四川省会东县和云南省禄劝县交界的金沙江干流河道上，是中国第四座、世界第七座跨入千万千瓦级行列的水电工程，如图 2-38 所示。

图 2-38　乌东德坝区[4]

水电站坝址区域地层由前震旦系会理群褶皱基底、震旦系及其后沉积地层以及部分火山岩盖层组成，发育的构造形迹主要有褶皱、断层、裂隙和层间剪切带。坝区内的断层总体不够发育，极少有长大的断层，实测的 27 条断层中大多为长度小于 150 m 的裂隙性断层。乌东德水电工程坝区岩体基本质量为Ⅱ级，定性调查出岩体的完整性程度主要为较完整至完整(见图 2-39)。

坝区内的结构面不发育并且多数为倾角较陡的短小型结构面，主要为宽至很宽间距，岩体完整性程度以较完整至完整为主。岩体结构以厚层状结构为主，有部分中厚层状、巨厚层状及少量薄层状的岩体结构。结构面结合程度较好，结构面形态较平滑，大部分为钙质充填，有少量硅质充填。通过对地表与平硐测量的 7393 条结构面进行统计分析发现，坝区内的结构面按走向可分为 4 组。

文献[4]对乌东德坝区地下厂房岩体的结构面数据进行了详尽调查。本书利用修正的块体化程度评价理论对 PD49-1 平硐、PD4 支硐的岩体完整性从三维岩体结构角度进行了刻画。由文献[4]可知 PD49-1 平硐层面裂隙间距为 6 m，PD4 支硐层面裂隙间距为 7.4 m，各平硐内的层面裂隙贯穿整个 30 m×30 m×30 m

图 2-39　乌东德坝区岩体[12]

的计算模型。文献[4]利用现有块体化程度评价方法对坝区部分平硐岩体的块体化程度进行了计算，并相应计算了三维块度模数，结果分别如表 2-31、表 2-32 所示。

表 2-31　岩体块体化程度

高程/m	平硐编号	块体体积百分比/%	块体化程度等级
+900	PD49-1	64.4	块状化岩体
+950	PD4 支硐	51.1	中度块状化岩体

表 2-32　岩体三维块度模数及完整性等级

高程/m	平硐编号	A_K	M_K/%	岩体分类
+900	PD49-1	1.0	5.0	完整
+950	PD4 支硐	0.9	4.5	完整

根据裂隙直径与间距比可知，PD49-1 平硐、PD4 支硐岩体切割不完全，受裂隙切割后形成的块体体积均较大，如图 2-40 所示。

PD49-1 平硐块体总体积为 17376.2 m^3，体积小于 1 m^3 的块体有 53 个，总体积为 34.7524 m^3；体积大于 1 m^3 的块体有 7 个，总体积为 17341.4476 m^3。PD4 支硐块体总体积为 13793.3 m^3，体积小于 1 m^3 的块体有 21 个，总体积为 68.9665 m^3；体积大于 1 m^3 的块体有 4 个，总体积为 13724.3335 m^3。通过块度模数计算出岩体完整性程度较好，但依据现有块体化程度评价方法计算式计算出 PD49-1 平硐、PD4 支硐分别为块状化岩体和中度块状化岩体，显然与岩体块度

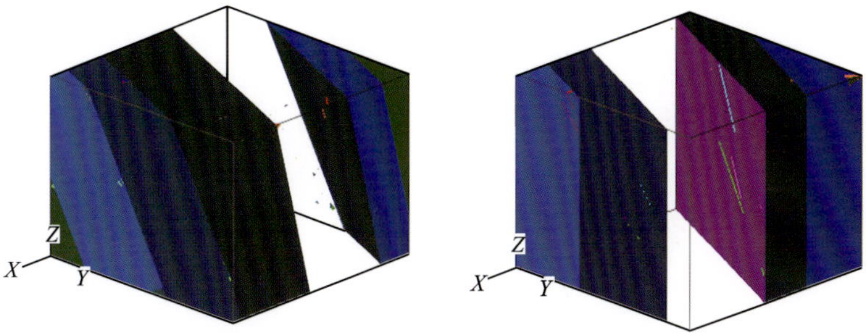

(a) PD49-1 平硐　　(b) PD4 支硐

图 2-40　乌东德坝区拱座岩体内部的块体[12]

模数计算结果及岩体实际完整性程度不符。

利用块体化程度评价修正方法计算出 PD49-1 平硐、PD4 支硐的块体化程度分别为 12.847%、10.168%，均为轻度块状化岩体。基于结构面结合状态，取结构面结合程度系数 L 为 0.92。因而，PD49-1 平硐、PD4 支硐岩体的完整性程度判断指标分别为 13.875%、10.981%，即岩体均处于较完整级别，计算结果符合实际情况。

通过对比现有块体化程度评价方法与本书建立的修正块体化程度评价方法对岩体完整性的划分结果可知，本书修正的块体化程度评价方法更合理，更能准确地从三维角度刻画岩体的完整性。

2.10.3　案例三

长江三峡工程是迄今世界上最大的水利枢纽，地下电站位于其右岸的白岩尖山体内，左侧为右岸大坝和坝后厂房。白石尖山体原始形态山脊走向与大坝轴向近平行，脊顶高程+220 m～+243 m。地下电站区的结晶岩体，经历了多次构造变动。从地表测绘、平酮勘探及钻孔揭露发现，三峡大坝地下电站区域内的断层较发育，但大多为裂隙型，延伸长度一般小于 100 m，破碎带宽度一般小于 0.3 m。延伸长度大于 300 m，破碎带宽度大于 1.0 m 的断层有 2 条；延伸长度大于 100 m，破碎带宽度为 0.5 m 左右的断层有 5 条。断层以陡、中倾角为主，构造岩主要为碎裂岩、角砾岩及影响带，碎裂岩一般胶结较好，但角砾岩一般较松散，个别断层含泥或泥化物。

本书选用长江三峡右岸地下电站主厂房结构面调查数据开展基于块体化程度的裂隙岩体完整性三维表征方法的实例验证[8]。在地下厂房岩体结构均质区范围内(见图 2-41)，选取 50 m×50 m×50 m 的岩体为对象，计算其块体化程度和岩体完整性。岩体内发育有三组结构面，倾向分别为 83.02°、266.29°、349.00°；倾角分别为 39.84°、46.17°、74.79°；迹长均值分别为 8.054 m、7.923 m、8.155 m。三组结构面的长度均服从对数正态分布，产状服从 F 分布。结构面主要为平直状，大部分为绿帘石充填，有极少的碎屑充填。利用 GeneralBlock 软件建立 50 m×50 m×50 m 的岩体模型，生成的三维裂隙网络模型如图 2-42 所示。三组裂隙的平均直径分别为 8.96 m、9.62 m 和 10.37 m，三维密度分别为 0.002834 m^3、0.002626 m^3 和 0.002775 m^3，平均间距为 5.60 m、5.24 m、4.27 m。

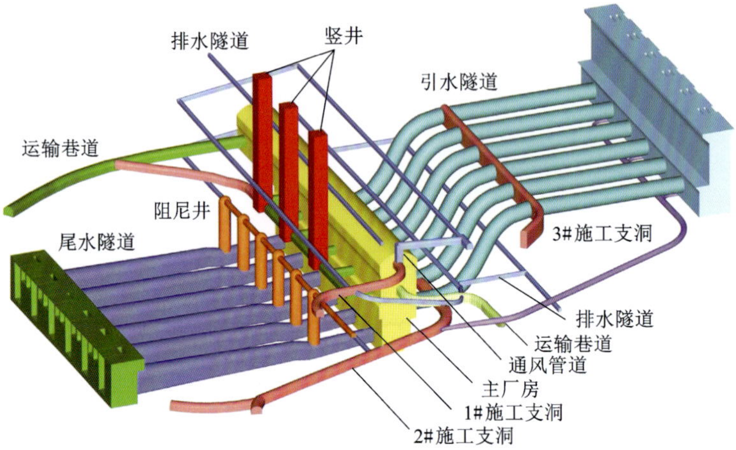

图 2-41　长江三峡右岸地下电站主厂房[28]

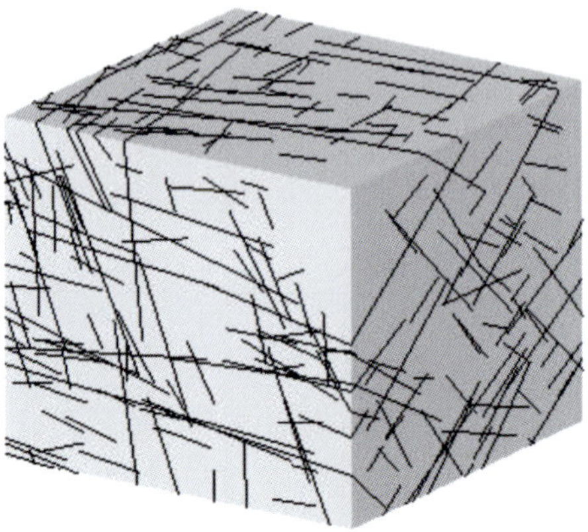

图 2-42　三峡地下厂房模型三维裂隙网络模型

利用 GeneralBlock 软件识别岩体内共有 511 个结构体，剔除边界假想面参与形成的块体，最终有 446 个完全由裂隙圈闭形成的结构体，结构体总体积为 2235.9673 m^3。分别统计不同规模块体的体积百分比，计算出 $B_1 \sim B_5$ 分别为 8.4×10^{-8}、5.96×10^{-6}、6.043×10^{-5}、3.166×10^{-4}、1.750×10^{-2}。利用软件绘制块体体积曲线，如图 2-43 所示。

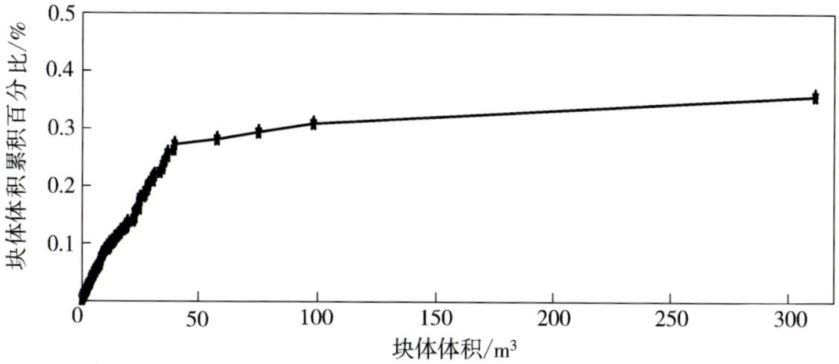

图 2-43　三峡地下厂房岩体的块体体积曲线

由图 2-43 可知，岩体内以小块体为主，但其体积占岩体体积比重较小。此外，岩体内部存在少量体积较大的块体。

利用相关公式计算出长江三峡右岸地下电站主厂房围岩的块体化程度为 0.36%；取结构面结合程度系数为 0.75，则岩体完整性程度判定指标为 0.45%，属于完整岩体。由文献[8]可知，工程开挖实际过程中发现岩体质量和稳定性非常好，仅赋存有极少的块体，因此本书提出的基于块体化程度的岩体完整性三维表征方法计算结果符合工程实际。

参考文献

[1] SENZ Z, KAZI A. Discontinuity Spacing and RQD Estimates from Finite Length Scanlines [J]. International Journal of Rock Mechanics and Mining Sciences and Geomechanics Abstracts, 1984, 21(4): 203-212.

[2] 杜时贵，王思敬. 岩石质量定量描述研究现状及趋向[J]. 工程地质学报，1998，6(3)：230-237.

[3] 陈德基，刘洪特. 岩体质量评价的新指标—块度模数[C]. 苏州：全国首届工程地质学术会议论文选集，1979.

[4] 王晓明. 乌东德坝区岩体裂隙及块体研究[D]. 北京：中国地质大学(北京)，2013.

[5] 张奇华，边智华，余美万. 采用全空间块体搜索技术初步研究岩体完整性[J]. 岩石力学

与工程学报，2009，28(3)：507-515.

[6] 刘克远. 水电工程筑坝技术：高坝坝基岩体稳定性评价及可利用岩体质量标准的研究[R]. 成都：国家电力公司成都勘测设计院，1990：58-59.

[7] 胡卸文，钟沛林，任志刚. 岩体块度指数及其工程意义[J]. 水利学报，2002，33(3)：80-83.

[8] XIA L，LI M H，CHEN Y H，et al. Blockiness level of rock mass around underground powerhouse of Three Gorges Project[J]. Tunnelling and Underground Space Technology，2015，48(2)：67-76.

[9] 刘晓非. 裂隙岩体块体化程度研究[硕士学位论文][D]. 北京：中国地质大学(北京)，2010.

[10] 魏翔，杨春和. 钻孔岩体裂隙几何参数确定方法及其应用[J]. 岩石力学与工程学报，2015，34(9)：1758-1766.

[11] 王川婴，胡培良，孙卫春. 基于钻孔摄像技术的岩体完整性评价方法[J]. 岩土力学，2010，31(4)：1326-1330.

[12] 徐伟，胡新丽，黄磊，等. 结构面三维网络模拟计算 RQD 及精度对比研究[J]. 岩石力学与工程学报，2012，31(4)：822-833.

[13] 杜时贵，王思敬. 岩石质量指标(RQD)的各向异性分析[J]. 工程地质学报，1996，4(4)：48-54.

[14] 中华人民共和国国家标准编写组. 工程岩体分级标准：GB 50218—1994[S]. 北京：中国标准出版社，1994.

[15] 于青春，薛果夫，陈德基. 裂隙岩体一般块体理论[M]. 北京：中国水利水电出版社，2005.

[16] 马超锋，李晓，成国文，等. 工程岩体完整性评价的实用方法研究[J]. 岩土力学，2010，31(11)：3579-3584.

[17] ULUSAY R. The ISRM Suggested Methods for Rock Characterization，Testing and Monitoring：2007-2014[M]. Switzerland：Springer International Publishing，2015.

[18] 夏露，刘晓非，于青春. 基于块体化程度确定裂隙岩体表征单元体[J]. 岩土力学，2010，31(12)：3991-3996+4005.

[19] BIENIAWSKI Z T. Geomechanics classification：Engineering rock mass classifications[M]. New York：Wiley，1989.

[20] KIM B H，CAI M，KAISER P K，et al. Estimation of block sizes for rock masses with non-persistent joints[J]. Rock Mechanics and Rock Engineering，2007，40(2)：169-192.

[21] ISRM. Suggested methods for the quantitative description of discontinuities in rock masses[J]. International Journal of Rock Mechanics and Mining Sciences and Geomechanics Abstract，1978，15(1)：319-368.

[22] BUYER A，SCHUBERT W. Calculation the Spacing of Discontinuities from 3D Point Clouds[J]. Procedia Engineering，2017，191(2)：270-278.

[23] RIQUELME A J，ABELLÁN A，TOMÁS R. Discontinuity spacing analysis in rock masses using

3D point clouds[J]. Engineering Geology, 2015, 195(2): 185-195.

[24] WONG L N Y, LAI V S K, TAM T P Y. Joint spacing distribution of granites in Hong Kong [J]. Engineering Geology, 245(3): 120-129.

[25] BEJARI H, KHADEMI HAMIDI J. Simultaneous effects of joint spacing and orientation on TBM cutting efficiency in jointed rock masses[J]. Rock Mechanics Rock Engineering, 2013, 46(4): 897-907.

[26] PRIEST S D, HUDSON J A. Discontinuity spacings in rock. International Journal of Rock Mechanics and Mining Sciences and Geomechanics Abstract, 1976, 13(1): 135-148.

[27] ZHANG L Y. Determination and applications of rock quality designation (RQD)[J]. Journal of Rock Mechanics and Geotechnical Engineering, 2016, 8(3): 389-397.

[28] 夏露. 三峡工程地下电站厂房岩石块体研究[D]. 北京：中国地质大学(北京), 2011.

[29] 赵建平, 戴东波, 张振洋, 等. 线性聚能爆破时影响岩体损伤因素的灰色关联分析[J]. 爆破, 2018, 35(4): 14-19.

第3章 岩体结构均质区三维划分方法

3.1 现有岩体结构均质区划分方法

岩体内的节理裂隙交错分布，形成了复杂的裂隙岩体结构，极大程度上决定了裂隙岩体的特征。结构面在岩体中的存在，导致岩体力学性能的不连续、非均匀性及各向异性。不连续面的空间分布是变化的，即使相同地质单元体之间，这种不连续性也是不同的。直观表现为在一个工程岩体中从一个单元到另一个单元的地质、地质力学和水文地质等性质存在较大差异。在岩体工程中，结构面的迹长、间距、产状、裂隙宽度、充填物的物质成分等在岩体中的分布都是不均匀的、不确定的。在统计意义上，不同产状、迹长的地质单元体，其变形与破坏有显著差异。因此，对工程岩体建模分析及计算之前，找出相似结构岩体的边界，将岩体裂隙参数“相似”的地质体单元划分为一个结构统计均质区(即划分岩体的结构均质区)，再开展岩体分析可以大大减少工作量，如图3-1所示。

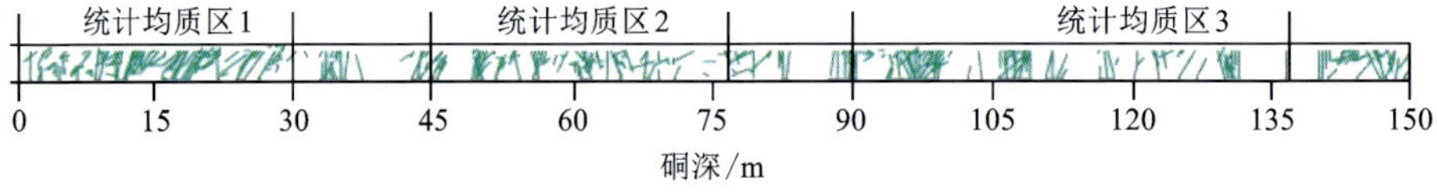

图3-1 岩体结构均质区

然而，找出结构相似结构区是很困难的，因为岩体节理性质受到很多因素的影响，如岩性、区域构造、节理产状、迹长、大小、间距、密度、张开度、填充物和起伏度等。当岩体地质结构面分布存在较大随机性时，表观判断往往得不到正确的区分结果；而当地质结构面成簇地分布在岩体中时，即便肉眼判定相似性较高的区域仍可能隐含较大统计学差异或观测误差。通常在对岩体不连续面进行大量现场调查的基础上，利用统计和概率的方法找出有统计意义的岩体结构均质区。目前有关国内外岩体结构均质区的研究还相当少，因此探索更为客观、量化的统计学方法对岩体结构均质区的准确划分显得尤为重要。

3.1.1　早期结构均质区划分方法

早期研究人员对岩体结构均质区的划分多基于定性比较，例如，在岩体结构面勘查之后，将不同区域的结构面产状极点图进行比较，如果两者比较相似，则可认为两区域同属于同一结构均质区。这样的方法适用于有优势结构面组存在的情况，但如果两露头面的岩体结构特征参数(如结构面极点)均非常离散和随机时，视觉判别难以获得合理的划分结果。

对此，美国学者 Miller[1] 于 1983 年首次将结构面产状极点投影至施密特等面积投影网上，结合列联表与卡方检验确定了岩体结构均质区，且该方法要求每个区域至少存在 150 条结构面。此划分方法首次摆脱了人为主观性，并成为众多后续研究的基础。次年，Mahtab 和 Yegulalp[2] 将结构面产状极点投影到被划分为 100 个等面积四边形小方格半球上，根据方格中极点数量进行均质性比较。1990 年，Kulatilake 等[3] 对 Miller 法与 Mahtab & Yegulalp 法进行了比较与改进(主要在统计决策方面)，使得它们的适用性更强。Martin 等基于 Mahtab & Yegulalp 法，提出了一种以相关系数法划分岩体结构均质区的方法。因为 Miller 法与 Mahtab & Yegulalp 法运用较为广泛，故后续许多提出的均质区分级方法多是这两种方法改进而来。

(1) Miller 法

Miller 法是一种将施密特等面积投影网和概率论中的列联表相结合，并依据近似的卡方检验结果进行结构均质区划分的方法。该方法适用于任何可测量及投影的半平面结构面类型，对于岩体中普遍存在的大量表观判断难区分的随机裂隙，该法从统计学意义上较为科学、准确地实现了岩体结构均质区的划分。其中，施密特网是一种根据等面积投影原理制成的赤平极等面积投影网，在岩组分析中，多用于极点投影图与极点等密度图的绘制。

图 3-2 为施密特等面积投影网的绘制原理图。P 为发射点，WE 为赤平投影面，倾角为 θ 的极点 A 赤平投影为 OX，等面积投影为 OX'，设投影球的半径为 R，则

$$OX' = O'X'' = O'A = 2R\sin(\pi/4 - \theta/2) \tag{3-1}$$

当 $\theta = 0$，有

$$OX' = \sqrt{2}R \tag{3-2}$$

显然已经超出了基圆范围，为此按比例缩小，有

$$OX' = O'A/\sqrt{2} = \sqrt{2}R\sin(\pi/4 - \theta/2) \tag{3-3}$$

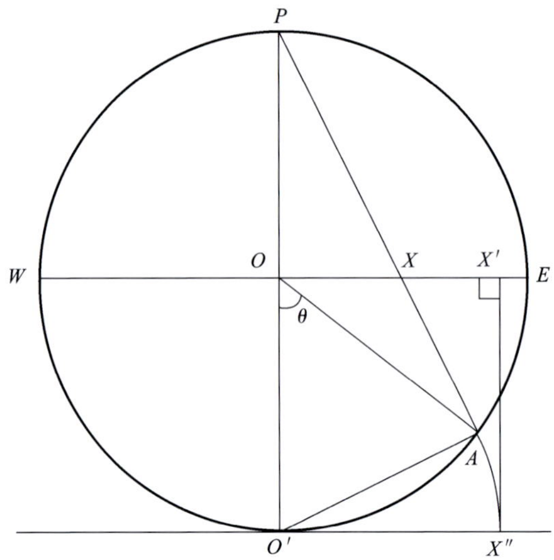

图 3-2 施密特等面积投影网的绘制原理图

由此得到近似于等分的分度投影图，使同样角距的线所围的面积大致趋于相等。即，球面上面积相等的圆或其他图形，投影到赤平面上后仍保持面积相等，但形状却发生了一定程度的歪曲。

裂隙极点图一般可依据其向下法线的极点投影图进行绘制，这样可以有效避免按裂隙极点绘制时引起的极点在投影面中心过于集中而难以区分的情形。同时，在绘制极点图时，能够在主观上更加方便地对裂隙倾向加以辨别(裂隙倾向与其法线倾向相差 180°)。另外，可在绘制时人为地将法线极点的倾向变回为其裂隙面的倾向，这样得到的施密特投影网上，圆周方位表示裂隙倾向(由 0°~360°)，半径方向的长度表示裂隙倾角的大小(由圆心到圆周 0°~90°)。

为能够将列联表应用于施密特投影图的分析中，Miller 法首先需要根据给定的环带数和各环带的网格数，将下半球施密特投影网划分成等表面积的小块。其中每一小块被认为是列联表中的一个单元，在表中该单元的数值就是不连续面极点在该单元中的投影个数。

图 3-3 是一个下半球施密特网分块示意图，首先将下半球分成 n 个环带，每个带的面积可表示为

$$A_i = 2\pi R h_i = 2\pi h_i \tag{3-4}$$

式中：R 为球体的半径(此处取单位长度)，h_i 为由底向上第 i 个环带的高度($i=1, 2, 3, \cdots, n$)。

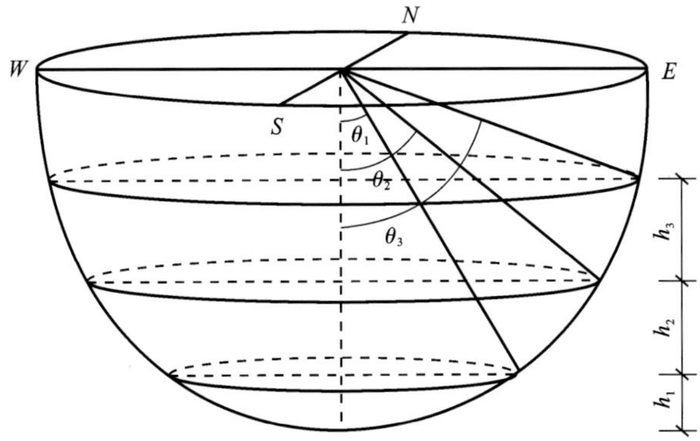

图 3-3　下半球倾角带划分

在给定环带数和各环带的网格数后，由底向上每个环带的高度可表示为：

$$h_i = R\cos\theta_{i-1} - R\cos\theta_i = \cos\theta_{i-1} - \cos\theta_i \quad (i=1,\ 2,\ 3,\ \cdots,\ n) \tag{3-5}$$

式中：θ_i 为第 i 个环带的顶边和球心的连线与竖直方向的夹角，根据其定义可知 $\theta_0 = 0$ 且 $\theta_n = 90°$。

由于划分的各小块的面积相等，故有

$$\frac{A_1}{b_1} = \frac{A_2}{b_2} = \frac{A_3}{b_3} = \cdots = \frac{A_n}{b_n} \tag{3-6}$$

式中：b_i 为第 i 个环带的分块数。

将式(3-4)代入式(3-6)，得

$$\frac{h_1}{b_1} = \frac{h_2}{b_2} = \frac{h_3}{b_3} = \cdots = \frac{h_n}{b_n} \tag{3-7}$$

将式(3-5)代入式(3-7)，得

$$\frac{1-\cos\theta_1}{b_1} = \frac{\cos\theta_1 - \cos\theta_2}{b_2} = \frac{\cos\theta_3 - \cos\theta_2}{b_2} = \cdots = \frac{\cos\theta_{n-1} - \cos\theta_n}{b_n} \tag{3-8}$$

由式(3-8)可以进一步得出

$$\theta_i = \cos^{-1}\left(1 - \sum_{k=1}^{i} b_k \Big/ \sum_{k=1}^{n} b_k\right) \tag{3-9}$$

由式(3-9)可以确定每个环带所处的倾角范围 θ，同时根据每个环带划分的块体数量将 360°倾向范围进行平均分配，便完成了下半球施密特等面积块网的划分。此处，为了体现产状类方向性数据的空间连续性，在对高倾角环带进行分块时，将位于环带两侧近乎垂直的区域标记为同一个小块，以使块网划分结果更加客观合理。显然，在等面积块网划分时，块体数目不宜过少，否则将无法保证后期进行均质性分析时拥有足够的对比组数，但也不应过多，以保证各块体在统计时有足够的产状数据。较为常用的块网为 34 格大面积块网，如图 3-4 所示。

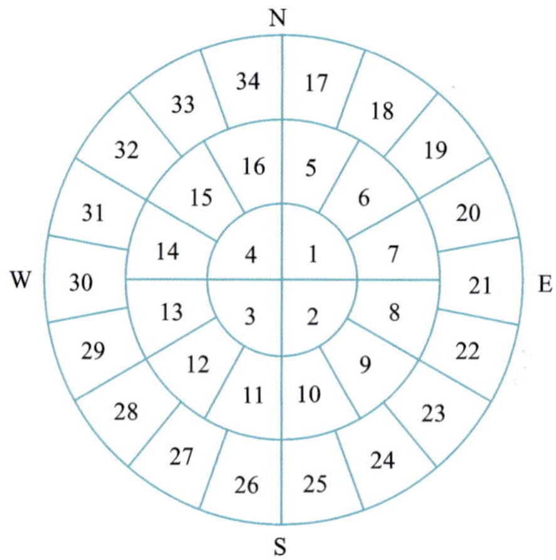

图 3-4　34 块施密特图块网

卡方检验是由英国统计学家皮尔逊于 1990 年提出的一种用途广泛的计数资料假设检验方法。它属于非参数检验的范畴，主要用于研究两个及两个以上样本率(或构成比)之间的差异及两个分类变量的关联性分析。其根本思想就是比较理论频数和实际频数的吻合程度或拟合优度问题。

在实际计算时，通常可通过列联表呈现样本统计数据。表 3-1 为分析施密特块网的列联表，为检验相邻结构域统计意义均质性的零假设，可计算对比样本之间的卡方值，相关计算式为

$$\chi^2 = \sum_{i=1}^{r} \sum_{j=1}^{c} [(f_{ij} - e_{ij})/e_{ij}] \tag{3-10}$$

$$e_{ij} = R_i C_j / N \tag{3-11}$$

式中：f_{ij} 为第 ij 单元中结构面极点的观测频数；e_{ij} 为第 ij 单元中结构面极点的期望频数；R_i 为第 i 行中结构面极点总的观测频数；C_j 为第 j 列中结构面极点总的观测频数；N 为结构面极点总的观测频数。

由式(3-10)和式(3-11)可知，当观测频数与期望频数完全一致时，χ^2 为 0；观测频数与期望频数越接近，两者之间的差越小，χ^2 越小；反之，观测频数与期望频数差别越大，两者之间的差越大，χ^2 越大。换言之，一个较大的 χ^2 表示观测数远离期望频数，即零假设不能成立。而零假设为真，则预示该统计是有 $(r-1)(c-1)$ 个自由度的 χ^2 分布，且其值不会超过一定置信水平 α 上的 χ^2 查表值。

表 3-1　施密特图列联表

<table>
<tr><td rowspan="2">行数</td><td colspan="4">列数</td><td rowspan="2">行总和</td></tr>
<tr><td>块 1</td><td>块 2</td><td>……</td><td>块 c</td></tr>
<tr><td>施密特投影图 1</td><td>f_{11}</td><td>f_{12}</td><td></td><td>f_{1c}</td><td>R_1</td></tr>
<tr><td>施密特投影图 2</td><td>f_{21}</td><td>f_{22}</td><td></td><td>f_{2c}</td><td>R_2</td></tr>
<tr><td colspan="6">……</td></tr>
<tr><td>施密特投影图 r</td><td>f_{r1}</td><td>f_{r2}</td><td></td><td>f_{rc}</td><td>R_r</td></tr>
<tr><td>列总和</td><td>C_1</td><td>C_2</td><td></td><td>C_c</td><td>N</td></tr>
</table>

在比较施密特投影图时，通常从地质学或工程观点出发，借助于卡方分布求出χ^2 计算值所对应的置信水平 α，作为接受零假设时可信度的测度：较大的 α 指示较小的χ^2。

卡方分布本身是连续型分布，但是在分类资料的统计分析中，频数一般只能以离散形式出现，因此计算出的统计量是非连续的。只有当样本量比较充足时，才可以忽略两者的差异，否则将可能导致较大的偏差。Miller 认为，每个样本构成的施密特投影图应至少包含 150 条裂隙数据，这样才能得出比较合理的分析结果。另外，根据 Lancaster 准则对于列联表卡方检验中的每一个单元格而言，其最小期望频数均应大于 1，且最多仅有 1/3 的单元格期望频数可小于 5，此时使用卡方分布计算出的概率才是准确的。

当数据不能满足 Lancaster 准则的要求时，一般可考虑采用以下 3 种优化技术手段进行处理。

方法一：扣除未使用的空白块后（保证至少 30 个自由度），采用近似正态分布计算 α 值。

方法二：合并块网中的邻近块以满足 Lancaster 准则。

方法三：使用大面积块满足 Lancaster 准则。

方法一是 Miller 对存在大量空白块的情形所提出的处理方式，该方法对不同样本扣除的空白块的位置和数量均有可能不同，同时还会出现对偶然空白块扣除的不合理情形；方法二存在着合并块的位置和数量不一致的问题，同时还会破坏块网各小块面积相等的划分前提，其对划分结果是否存在影响仍需进一步验证；处理方法三会直接减少列联表卡方检验自由度，进而减弱判别力，同时也无法对引起判别结果发生突变的块数下限值作出准确判断。

Miller 法从本质上来说是一种通过近似密度统计（面积相等块的极点统计）进行结构均质性判别的统计分析方法。方法一只对分析样本的公共连续空白块进行剔除，这样只能说明对比样本在这片区域均不存在裂隙分布(可以反过来视为一种逆向“均质性”)，因此对分析结果影响不大，只是减少了卡方检验的自由度而已；方法二可仅对分析样本的公共期望频数较小(小于5)的连续块进行合并，这样也只是将公共“密度”较小区域进行腐蚀扩大，从而使其期望频数更加满足统计分析的要求；方法三须保证块体数目不能过少，否则将使各小块的相对面积较大，统计数据的代表性往往不足，从而直接导致Miller法判别性能的减弱。

综上所述，施密特图列联表法(Miller法)是一种简单高效的取样结构总体相似度定量分析方法，它减小了人为主观判断所带来的经验误差，为岩体结构域范围的划分提供了一条行之有效的途径。但在实际使用过程中，应根据具体情况选取合适的块网，并结合现场地质条件完成结构均质区的最终划分。

(2)Mahtab & Yegulalp法

首先假设任意两个节理产状样本(两个研究区域)，且包含非随机分布的数据，该假设可以使用泊松分布演变出的随机检验来确定。Mahtab & Yegulalp法同样将上半球划分为一定数量的等面积四边形块网，如图3-5所示。随机检验给出该块网对应的阈值(k)。当某个块中的产状极点个数超过此阈值(k)时，则该块可以被称为非随机块。相邻的非随机块形成一个簇，对每个簇，假设其服从半球正态分布的条件下，计算其平均产状和在给定概率水平上的均值置信锥(ψ)，以及离散程度(K)。

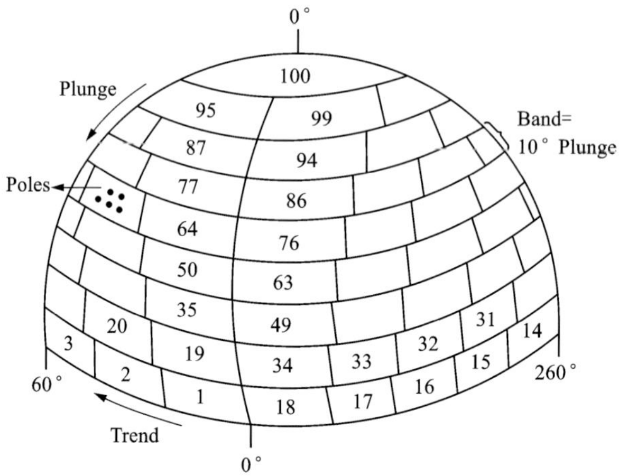

图3-5 划分为100个等面积块的上半球面

再假设，一个簇中的极点分布形式对相似性(即均质性)测试无关。而重要的一点就是要规定一个截取值，超过这个截取值的簇称为显著性簇。Mahtab & Yegulalp法比较两个样本时，是在一个样本的显著性簇和另一个样本的显著性簇之间来进行相似性比较。相似性比较就是，将两个簇的均值的夹角(β)和置信锥的角度(ψ)进行比较，当β小于两个簇中任意一个置信锥时，这两个簇可被认为是相似的。假如两个样本具有相似的簇，那么这两个样本可被认为在统计意义上相似。下面对上文中的参数计算进行解释。

1)阈值 k 的计算

假如极点在一个区域是随机分布的，那么这个区域的一个块上极点数量符合泊松分布，可以进行泊松分布的假设检验。在这种情况下，随机密度的发生概率计算式为

$$P(D > k) = 1 - \sum_{j=1}^{k} \frac{e^{-m} m^{j}}{j!} \tag{3-12}$$

$$P(D>k) = \alpha \tag{3-13}$$

式中：D 为随机密度；k 为最小的整数；m 为样本中一个块的平均极点数且，$m=nc$，n 为样本极点总数，c 为一个块关于整个上半球面积的分数面积(当 100 格块网时，$c=0.01$)，α 为给定的较低概率。

若可获得一个 k 值满足式(3-13)，那么这个 k 值就被认为是随机和非随机之间的界限值，对应的阈值的计算式为

$$1 - \sum_{j=1}^{k} \frac{e^{-m} m^{j}}{j!} \leqslant \alpha \tag{3-14}$$

2)平均产状的计算

平均产状就是将节理的倾向、倾角转化为单位矢量的(l, m, n)值，然后按照矢量的方法进行计算。

3)给定概率水平上均值的置信锥的计算

首先，计算均值的离散程度 K，计算式为

$$K=\frac{N-1}{N|R|} \tag{3-15}$$

式中：N 为一个簇中观测点的数目；R 为一个簇的结果矢量的数值大小。

从式(3-15)可以看出 K 值越大离散程度越小。采用置信锥时，当离散程度 $K>6$ 时才严格有效，但是对于实际数据 $K>6$ 往往难以达到。

在得到 K 之后，再计算均值置信锥 ψ，计算式为

$$\cos\psi = 1+\frac{1}{K}\ln(1-p) \tag{3-16}$$

式中：p 为概率水平，Mahtab & Yegulalp 建议 p 取 0.9。

4)截取值的说明

截取值是一个主观性的值，需要人为选取：它的最小值等于阈值 k，Mahtab & Yegulalp 选取 $n/10$(n 是一个样本观测值的总数)为截取值，同时 $n/10$ 也大约是

阈值 k 的 3~5 倍。

通过上面的分析可知，Mahtab & Yegulalp 法的均质性结果与 $P(D>K)$、计算均值置信锥 ψ 采用的概率水平、截取值等 3 个因素有关。Mahtab & Yegulalp 法的均质性测试随着第一和第二因素数值的减小和第三因素数值的增大而更有判别性。这就使得均质性的结果会随着上述 3 个因素的改变而发生变化，但是目前很难详细确定上述 3 个因素的组合来对均质和非均质进行划分。但均质区划分结果的强度随着参数组合的判别性强度增加而增加。通过尝试不同参数的组合，可将区域进行均质性强度排序，最终达到划分均质区的目的。

Mahtab & Yegulalp 法均质性测试的步骤如下(采用了迭代的方式)。

第一步：计算一个样本中所有的簇，并且忽略样本数小于 $n/10$ 的簇。

第二步：对于样本 I 所有的显著性簇和样本 J 所有的显著性簇，可有：计算两个簇之间的锐角；假如两个簇的夹角 $|\cos\beta|>\cos\psi_{Ii}$ 或 $\cos\psi_{Jj}$，那么这两个样本就可以合并。

第三步：打印出所有的可以合并的样本和对应的簇。

第四步：将两个相似并且邻近的样本划分为一组(不包括样本之间不相似的采样地点)，并且忽略该地区地质和构造的影响，这一步需要手动执行。

第五步：把第四步中合并的组作为一个样本和未合并的样本作为新的数据集中的样本，重复第一步至第四步。

第六步：重复第五步直到没有新的合并产生。

3.1.2 近期结构均质区划分方法

早期的岩体结构均质区划分研究主要基于结构面产状，并未涉及其他结构面几何参数。因此，有学者开始综合利用结构面几何参数进行均质区划分，例如：Kulatilake 等[5]利用盒分形维数对中国长江三峡大坝岩体进行了结构均质区划分，盒分形维数能够同时反映结构面迹长与密度在不同区域的变化情况，但不能考虑产状的影响；Li 等[6]选取了结构面产状、间距、张开度等 9 个参数，结合相关系数法以及层次分析法，对宋塔大坝岩体进行了岩体结构均质区划分；高敬等[7]将裂隙密度和迹长及相关系数法相结合，探讨了岩体结构均质区划分方法；张国强等[8]初步构建了一种结合迹线中点分布的体视学判据与结构面产状、密度的分形判据的岩体结构均质区划分方法；Song 等[9]基于 Miller 法，结合游程检验，提出了一种适用于样本不足情况且能综合考虑结构面产状和迹长的结构均质区划分方法；Zhou 等[10]利用三参数联合分析方法，同时考虑结构面产状、迹长以及张开度，结合游程检验以及 Miller 法，对中国大连一岩质边坡进行了岩体结构均质区划分。

但究其本质，现有均质区划分方法大多是对露头面揭露出的Ⅲ级以下确定性结构面的分布形式进行相似性的检验，未能从三维维度考虑岩体完整性及大尺度确定性结构面的影响，也难以较好地体现出岩体结构非均质性和各向异性的空间效应。

3.2　结构均质区三维划分判据及流程

严格来说，现有划分方法是对区域间或露头间确定性裂隙分布相似程度进行比较检验的过程。此外，现有方法多侧重处理Ⅲ级以下结构面，并且其在水利方面(尤其是三维裂隙网络渗流分析)得到充分利用，效果良好。但在地下矿山中，岩体的完整性是相关研究的重点，两者受多种类型结构面的共同作用，且涉及的空间尺度较大、岩体结构较复杂；直接以现有方法划分地下矿山岩体结构均质区可能出现难以区分细节差异、未能注重尺度远远大于巷道规模的结构面等问题。因此，构建确定性与随机性结构面耦合的大尺度三维岩体模型，开展岩体结构均质区三维划分方法研究，其主要技术路线如图 3-6 所示。

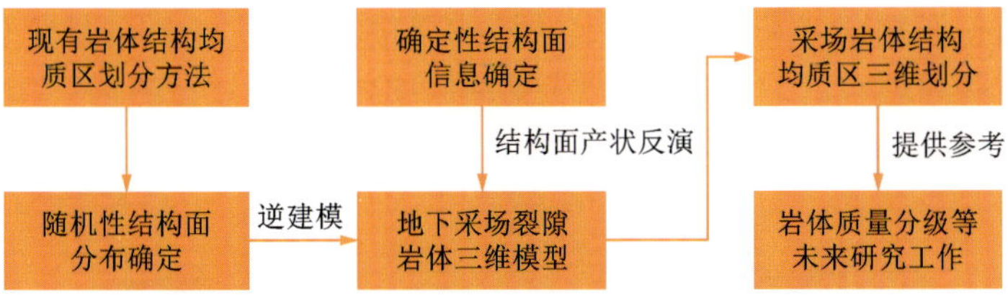

图 3-6　均质区三维划分技术路线

3.3　岩体结构三维模型

第一章利用铜坑锌多金属矿 3#矿块结构面数据构建了矿块 DFN 模型。但现场结构面调查过程中，经常观察到一些尺度远大于巷道规模的结构面。统计发现：这类结构面多为区域性节理、原生结构面、宽度较小断层、延伸较好层面等。对于这类结构面，因空间几何参数分布与构造节理差异很大，且不服从一定的概率分布规律，具有“确定性”特征，通常将其定义为确定性结构面[11]。

对于确定性结构面，可以将其视为无限延伸的结构面，即模型直径为$+\infty$。但是，直接将这些尺度远大于巷道规模的结构面设定为确定性结构面并无科学依据。对此，陈庆发等[12-13]曾提出一种适用于地下矿山井巷工程的区域性结构面连通性判别方法，运用空间几何等数学方法，从结构面类型、结构面力学性质、结构面几何共面条件等多角度判断结构面连通性，并开发了连通性结构面查询CDSC软件。该方法不依赖于露头面或开挖面的空间位置关系，适用范围较广。

基于上述方法，判别试验区中尺度远大于巷道规模的结构面连通性(具体方法请参考相关文献[12-13])。去掉符合几何共面条件，但结构面类型和力学性质完全不同或结构面相关度 δ 过小的共面组合，获得了42个确定性结构面：结构面类型多为宽度较小断层、区域性节理；结构面岩性类型多为灰岩、硅质岩、灰岩夹硅质岩；充填物多为方解石；粗糙度类型多为平直光滑或者粗糙；地下水状态多为干燥等。以5类参数表征确定性结构面，即(x, y, z, α, β)，其中(x, y, z)表示结构面中心坐标，α 与 β 表示结构面倾向与倾角，结构面半径为$+\infty$。确定性结构面三维模型如图3-7所示。需要说明的是，所构建的DFN模型使用的数据不仅包括能观测到全迹长的结构面，也包括非全迹长但也识别不出连通性的结构面。

通常情况下，利用现有划分方法证明了试验区内随机性结构面分布具有均质性，可认定试验区岩体存在于同一均质区内。但地下矿山均质区划分涉及尺度较大、空间结构较复杂，且矿块中大量区域性结构面的影响不可忽视。因此，有必要在现有方法基础上，对划分结果进一步细化。结合第二章构建的DFN模型，根据区域性结构面判别结果，增添确定性结构面信息；最后，构建地下矿山确定性与随机性结构面耦合的裂隙岩体模型(见图3-8)。值得注意的是，为考虑圆心位于模拟区之外的结构面的切割，模型的裂隙生成范围设置为80 m×120 m×70 m。

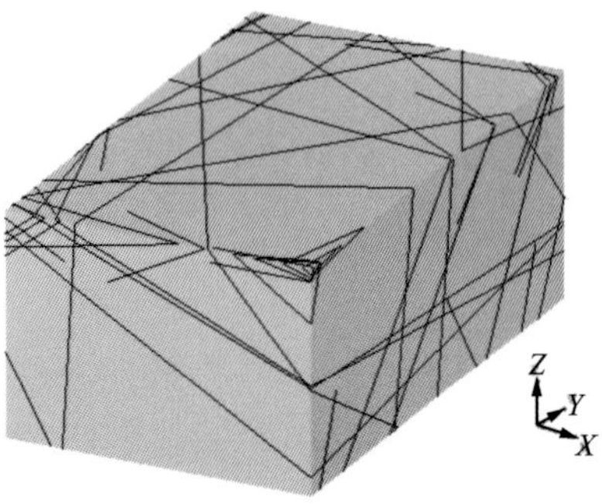

图3-7　铜坑锌多金属矿3#矿块确定性结构面网络模型(60 m×100 m×50 m)

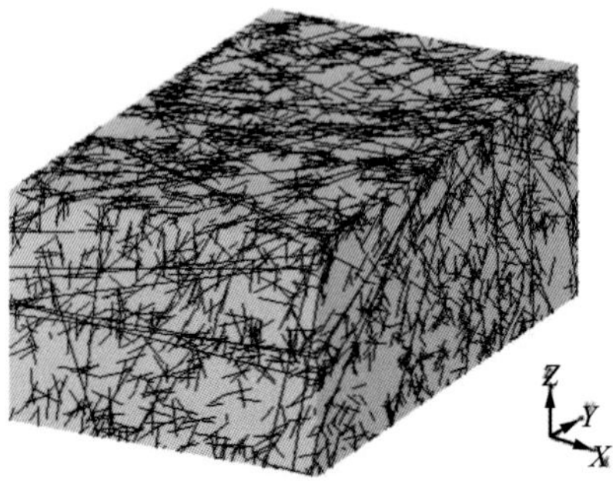

图3-8　铜坑锌多金属矿3#矿块岩体结构面网络模型(60 m×100 m×50 m)

3.4　岩体结构均质区三维划分方法

3.4.1　模型正交网格化及子区块体化程度值

利用正交网格化方法将试验区结构面岩体模型离散为若干小区域岩体，需先确定网格的尺寸。为使岩体子区的特征参数具有代表性，借鉴岩体表征单元体思想，求解最优网格尺寸。

具体做法为：

(1)以模型质心为中心点生成正交网格；

(2)识别并输出网格内所有块体体积，求解不同网格尺寸下岩体块体化程度值；

(3)利用变异系数(C_v)判定最优网格尺寸。

结果如图 3-9 所示，确定了最优网格尺寸为 20 m。本节使用的模型完全由随机结构面构成，因为模型一旦加入确定性信息，整个模型的结构面分布不再具有统计意义，这使得 REV 范围下的岩体特征参数不具代表性。

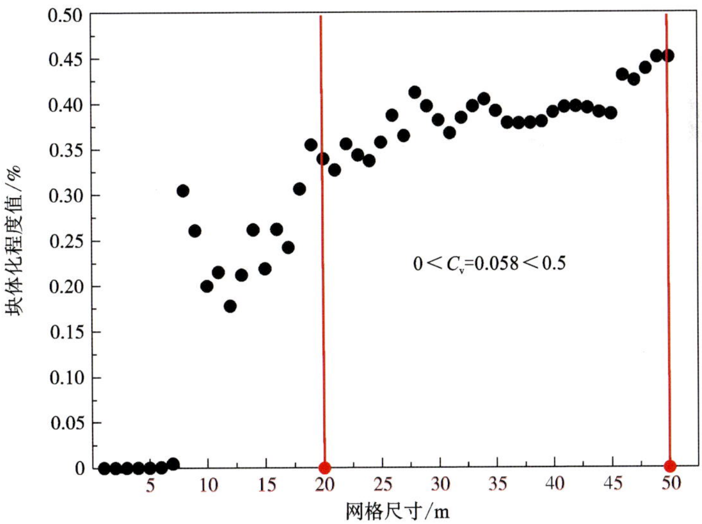

图 3-9　最优网格尺寸确定

为避免忽略细节变化，以步距为 1 m 的重叠网格方法测量岩体子区块体化程度值，即于模型范围内布置步距为 1 m(即相邻网格的质心点距离为 1 m)、尺寸为 20 m×20 m×20 m 的重叠网格(见图 3-10)，同时测取块体化程度值。另外，为测取模拟区边界上的块体化程度值，将模拟区范围扩大至 80 m×120 m×70 m(真实模拟区尺寸为 60 m×100 m×50 m)。最终，测取的所有块体化程度值如图 3-11 所示，且 $MB_i \sim N(0.2703, 0.2721)$。

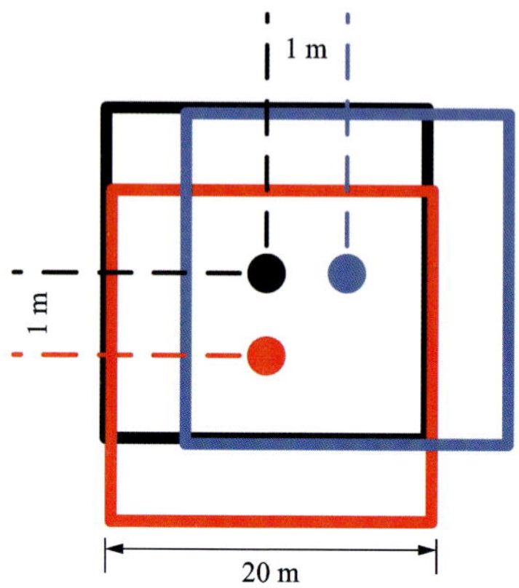

图 3-10　重叠网格二维图示

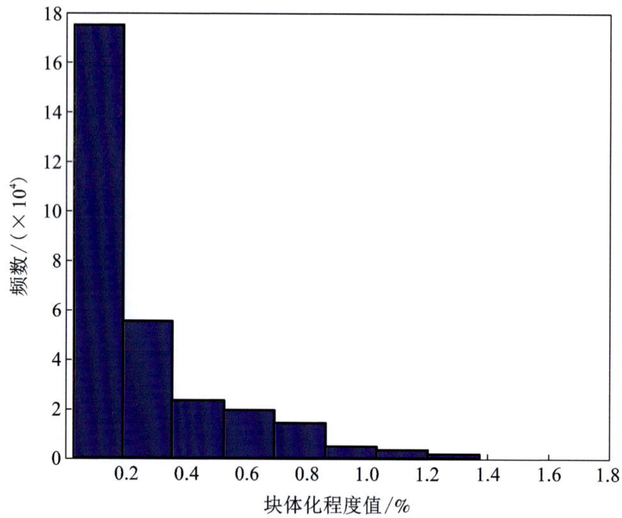

图 3-11　模型子区块体化程度值直方图

3.4.2 基于 K-means 算法与误差平方和 SSE 的岩体均质区三维划分

聚类分析是一种判断数据是否来自相似源，并以此对数据集合进行分组的方法，其思想与均质区划分一致。为衡量不同子区 MB_i 值的相似性，将数据归到不同类中，利用 K-means 算法[14]进行数据聚类分析。

K-means 算法是一种广泛使用的聚类算法。该算法需事先选取聚类数目 k，按照最小距离原则将各样本归到不同类中，不断执行计算类心和调整各样本类别的迭代，直到使各样本 x_i 到其归属类别中心 z_i 的距离平方和 $d(x_i, z_i)^2$ 最小为止。其算法大致步骤如下。

(1)针对样本集合$\{x_1, x_2, \cdots, x_n\}$，随机分为 k 组，计算初始聚类中心$\{z_1, z_2, \cdots, z_k\}$，计算式为

$$z_i = \frac{1}{n}\sum_{x_i \in s_i} x_i \tag{3-17}$$

式中：n 为类 i 中样本个数，s_i 为第 i 类的样本集合。

(2)计算每个样本 x_i 到各个聚类中心 z_i 的距离，并将其分配到距离最近的类 u_i 中。

(3)根据新的分类结果，结合式(3-17)重新计算聚类中心。

(4)计算 D，计算式为

$$D = \sum_{i=1}^{n}\left[\min_{i=1,2,\cdots,k} d(x_i, z_i)^2\right] \tag{3-18}$$

(5)若 D 收敛，则算法终止，否则，返回第(2)步。

可以看出，利用 K-means 算法可以输出不同聚类数目下的聚类结果。因此，有必要确定最优聚类数目，使聚类结果有效。

选取误差平方和(SSE)度量聚类质量，其表达式为

$$SSE = \sum_{i=1}^{k}\sum_{x \in s_i} d(x_i, z_i)^2 \tag{3-19}$$

随着聚类数目 k 的增大，各类别中样本数量越少，样本与类中心距离越来越近，因此 SSE 必定随之减小。但当 SSE 减小得很缓慢时，即斜率变化不明显，可认为继续增大 k 对聚类效果增加并无意义，此时“拐点”则是最优聚类数。绘制聚类数与 SSE 的关系曲线(见图 3-12)，可确定本案例中最优聚类数为 6 类，进而确定了 6 个数据区间为[0.02747%，0.14986%]，[0.14987%，0.28447%]，[0.28448%，0.47531%]，[0.47532%，0.68421%]，[0.68422%，0.96486%]，[0.96487%，1.91390%]，同时表明，区间内的数据具有高度相似性，可视为相似源(均质区)获得的数据。

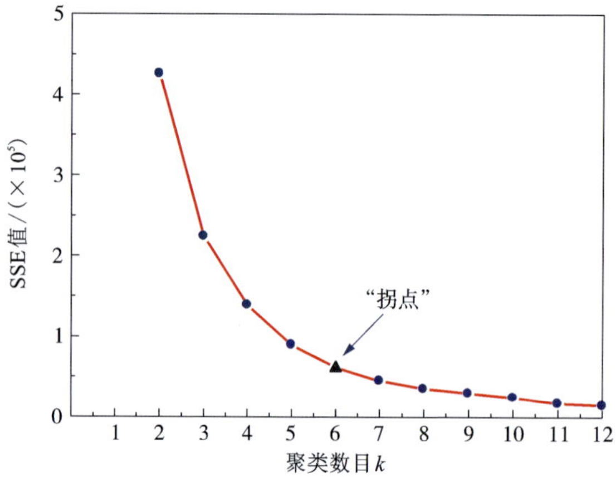

图 3-12　聚类数目 k 与 SSE 的关系

3.4.3　试验区裂隙岩体结构均质区三维重构及验证

对网格进行预处理：所有布置网格转化为一点（网格质心点），并以每个网格下的块体化程度值表征质心点为中心的 1 m×1 m×1 m 单元范围内的岩体特征参数值（见图 3-13）。换言之，模型被离散为 1 m×1 m×1 m 的单元，且皆赋有确定的块体化程度值。另外，每个小单元除含有一个属性值（块体化程度值）外，还具有确定的空间位置信息，以质心点的空间坐标（x_{0i}，y_{0i}，z_{0i}）表示。

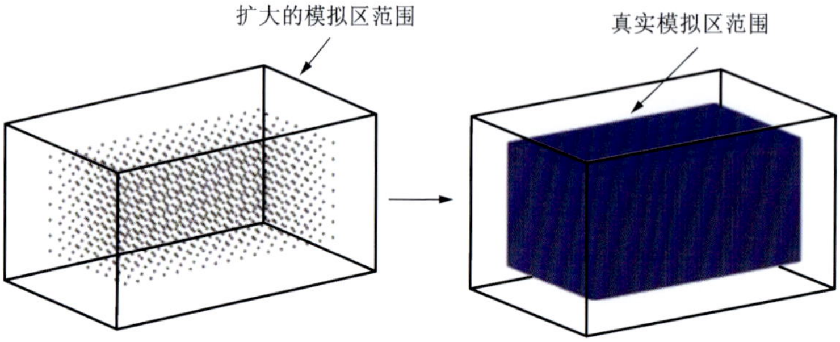

图 3-13　试验区岩体结构均质区重构前预处理

重构试验区裂隙岩体结构均质区，且不同均质区赋予不同颜色，如图 3-14 所示。此外，不同块体化程度值区间的网格体积统计直方图如图 3-15 所示。由图 3-14 与图 3-15 可知，试验区岩体绝大部分块体化程度值落入区间

[0.02747%, 0.14986%]与[0.14987%, 0.28447%]，处于其他区间相对较少。由图 3-9 可知，若模型完全由随机裂隙生成，REV 范围内块体化程度值为 0.033%~0.045%，落入区间[0.02747%, 0.14986%]。由此可知，试验区岩体块体化程度主要由随机性结构面控制。但是，直接将整个试验区视为同一均质区略为不妥，因随机性结构面网络模型的构建基础为现有均质区划分方法，岩体模型子区间的块体化程度值势必在较小波动范围稳定。图 3-15 反映了试验区相当一部分岩体的块体化程度值高于图 3-9 所示 REV 条件下的块体化程度值(岩体越破碎、块体化程度值越高)，这是因为大量确定性结构面对试验区岩体块体化程度产生了显著影响，而现有均质区划分方法难以对其有所体现。

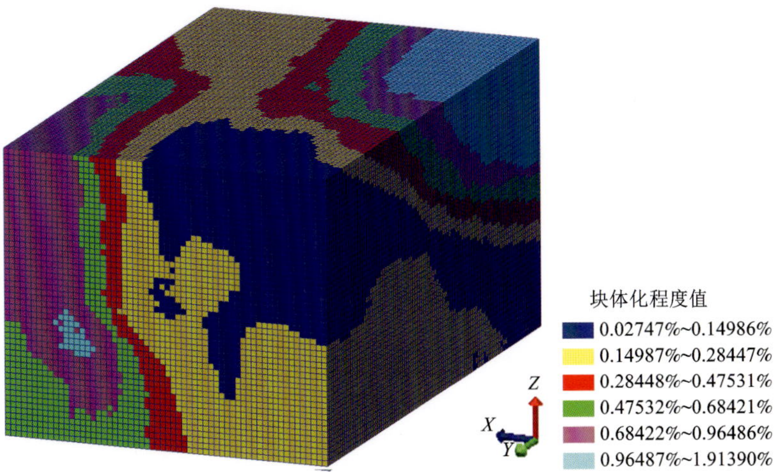

图 3-14　试验区岩体结构均质区重构

分别在试验区裂隙岩体三维模型、均质区三维重构模型的 $1/2L_x$、$1/2W_y$ 与 $1/2H_z$ 处切取模型剖面，采用图形检验方式验证均质区模型有效性(见图 3-16)。结构面密度是结构面分布特征的重要参数，也是影响岩体完整程度与岩体水力学性质不连续性与不均匀性的重要因素。因此，定性比较结构面密集程度的方式验证均质区结果有效性是可行的。对比图 3-16 中各剖面红色框选部分可知，结构面交叉切割程度较高的区域，其块体化程度值亦略高于附近区域，均质区划分结果亦对此有所体现(表现为不同颜色的区域，即不同均质区)。其中，迹线模型剖面上大量确定性与随机性结构面交切较为密集区域，在均质区重构模型剖面上体现为块体化程度较高区域，相对应的均质区划分结果也比较“突兀”；而其余那些较少或者没有确定性结构面参与切割的部分，块体化程度值则比较小，相应的均质区划分结果所占的比例也较大。

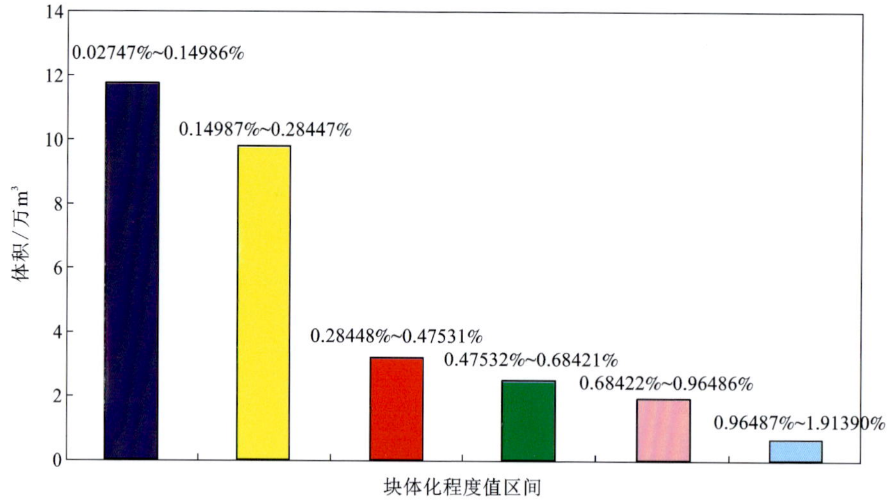

图 3-15　不同块体化程度值区间的网格体积统计直方图

利用上述图形检验方法验证了均质区划分结果的有效性，所述方法弥补了现有方法区域细节变化辨识能力偏弱的缺陷，是一种行之有效的地下矿山岩体结构均质区三维划分方法。

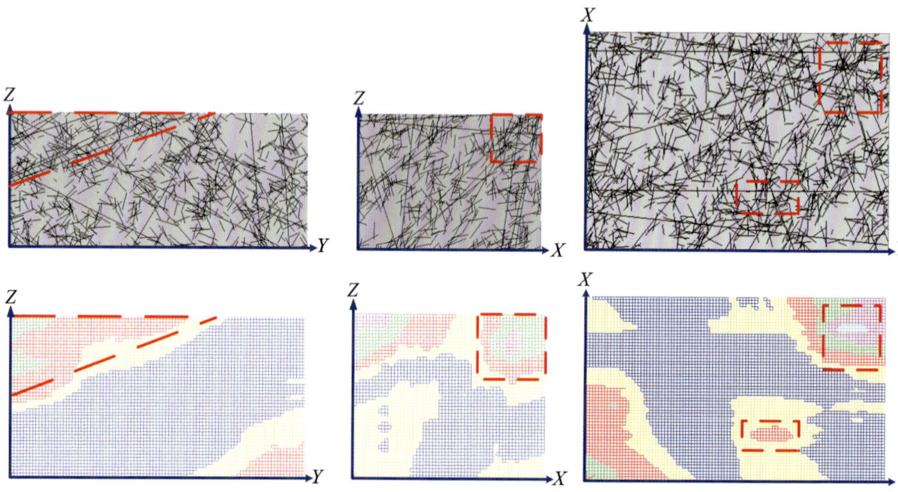

(a) $1/2L_x$处剖面　(b) $1/2W_y$处剖面　(c) $1/2H_z$处剖面

图 3-16　均质区划分结果图形检验(模型尺寸为 60 m×100 m×50 m)

3.5　岩体结构均质区分显

岩体结构均质区的分显是对三维划分均质区方法更深一步的探讨。三维划分均质区旨在找出相似结构岩体的边界，通常是在对岩体结构面进行大量现场调查的基础上，利用统计和概率方法寻找相似结构岩体的边界，根据产状将研究区域划分为若干个具有相似地质力学性质的独立区域。然而试验区岩体结构均质区重构结果是一个整体的三维模型，尽管用不同颜色表征各块体的分布，但是却只能从宏观上对模型各部分均质区的分布有一个大致的把握，对模型内部各均质区的分布依旧不能清晰描述。或许凭借实际经验，利用科学合理的推理可估测内部均质区分布的大致情况，但这依然与实际情况存在偏差。

对各均质区块体进行直观细致且有效的讨论是一项重要的工作。由图 3-14 划分结果可知，各均质区形态各异，分布不均，有的可能呈规则形态集中在某区域，但有的均质区却形态怪异，不连续、不集中地分布在区域岩体内。由于这种特殊性，必须从岩体内部从微观层面掌握其分布状况。因此，仅仅探寻划分均质区的方法依旧只是研究岩体均质性的一个有代表性开端。在工程实际中，岩体构造与工程力学特性是评价工程的重要参考指标，而均质区便是基于这种特性进行划分的。在面临实际的工程问题时，将整个区域岩体看作一个均质区来处理未免存在不妥，要正确看待其中块体差异，不仅要从整体，更要从局部学会分区治理与局部协调。对单独某部分均质区的熟悉与把握有利于加深对现场地表地形的理解，以及对工程布置、方案的优化选择、资源和天然地势的合理利用都至关重要。可以说，能否有效深入把握各均质区的分布是影响工程寿命的根基。

因此，利用 3DMine 软件将划分好均质区的区域裂隙岩体进行剥离分显，以方便对各均质区单独进行直观观察。分显后得到的结构均质区从三维角度刻画了其所独有的特征与体态。熟悉各均质单元块体特征，并判定不同的均质区之间的差异与相关性。

3.5.1　均质区分显流程

均质区分显流程主要是在试验区岩体结构均质区重构模型的基础上，利用 3DMine[15] 软件的添加块体约束操作，将按属性值着色的不同块体依据其 MB_i 值分离开来。

主要流程图如图 3-17 所示：

(1) 在层浏览器下打开块体模型，见图 3-17(a)；

(2) 点击右键添加块体约束，见图 3-17(b)；

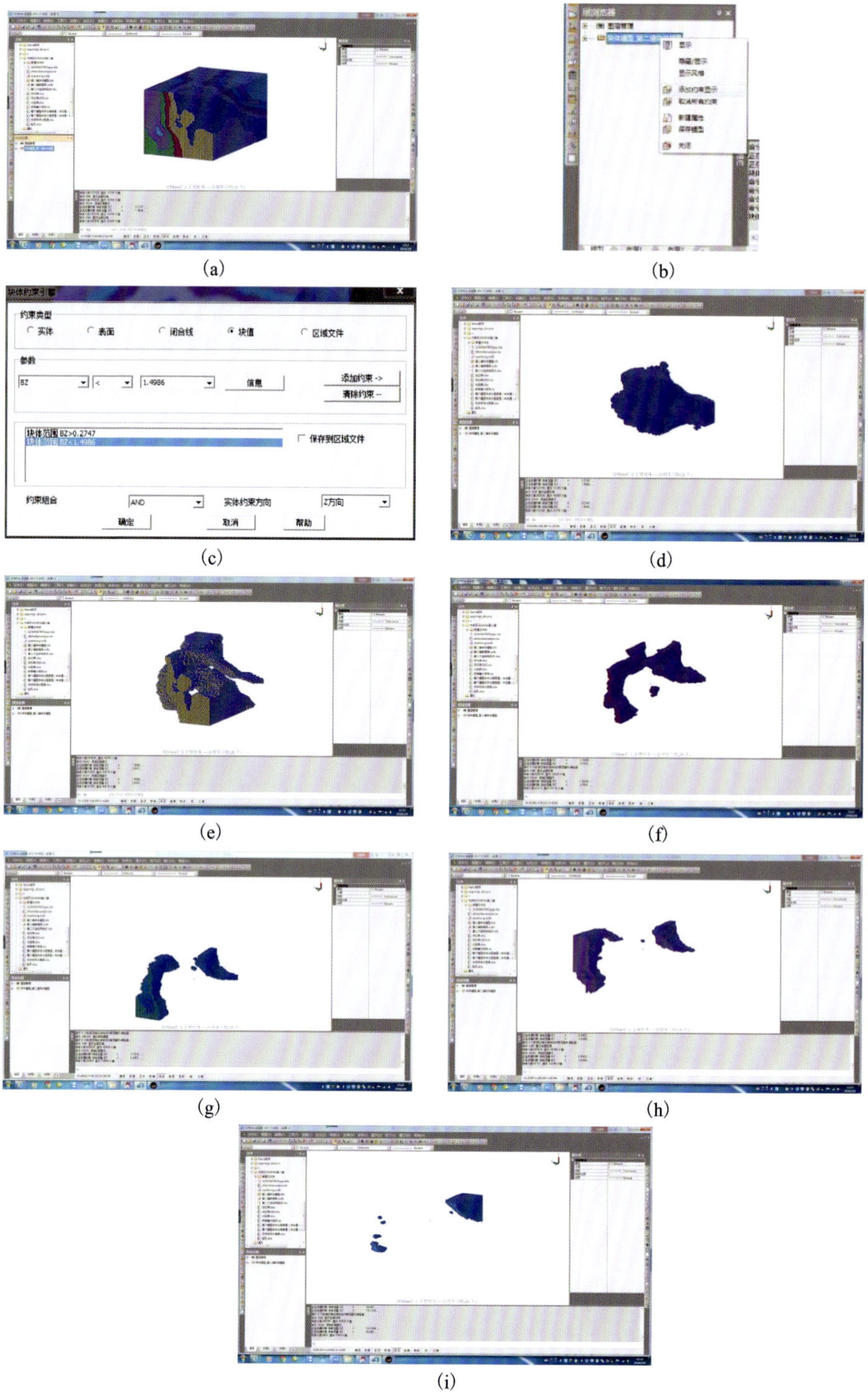

图 3-17　均质区分显流程图

(3)在块体约束引擎界面下，选择“块值”约束类型，参数范围选定为 0. 2747%~1. 4986%，如图 3-17(c)所示；

(4)点击确认后，可得到块体化程度为 0. 2747%~1. 4986%的均质区块体模型，如图 3-17(d)所示；

(5)循环以上操作，依次可得块体化程度为 1. 4987%~2. 8447%，2. 8448%~4. 7531%，4. 7532%~6. 8421%，6. 8422%~9. 6486%，9. 6487%~19. 1390%的均质区块体模型，如图 3-17(e)至图 3-17(i)所示。

均质区的分显工作是建立在均质区划分结果之上的，主要用到的就是 3DMine 软件中块体约束的思想。通过设定某均质区的块体化程度值区间为约束范围，就能对该均质区块体进行单独显示。对划分好均质区的块体模型进行分显是项简易便捷的工作，但对均质区的细致描述发挥着重要的作用。通过上述一系列的流程操作，可分别得到 6 个均质区块体的模型。接下来对分显出的各均质区进行系统而细致的分析和差异性比较。

3. 5. 2　均质区分显结果

基于均质区分显流程，分别得到 6 个均质区，如表 3-2 所示。

表 3-2　均质区块体比较分析

均质区编号	各均质区分显数字模型图	各均质区描述
a		块体化程度：0. 2747‰~1. 4986‰； 形状：阶梯状； 分布：贯穿整个试验区且集中连续； 体积：12. 016 万 m^3； 岩性条件：岩体完整性高，节理裂隙不发育，密集程度低
b	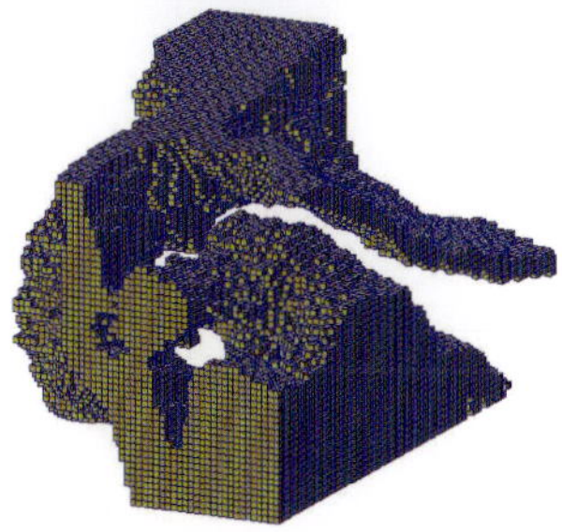	块体化程度：1. 4987‰~2. 8447‰； 形状：树状； 分布：贯穿整个试验区，轮廓线参差起伏，连续性差； 体积：9. 3789 万 m^3； 岩性条件：区域节理不发育，主要分布为随机性结构面，没有或者有少量确定性结构面参与

续表3-2

均质区编号	各均质区分显数字模型图	各均质区描述
c		块体化程度：2.8448‰~4.7531‰； 形状：狭长弯曲带状； 分布：在试验区内分布范围较广，由左右两部分主体及部分较小的岩块构成； 体积：3.2272 万 m^3； 岩性条件：区域节理较发育，完整性良好
d	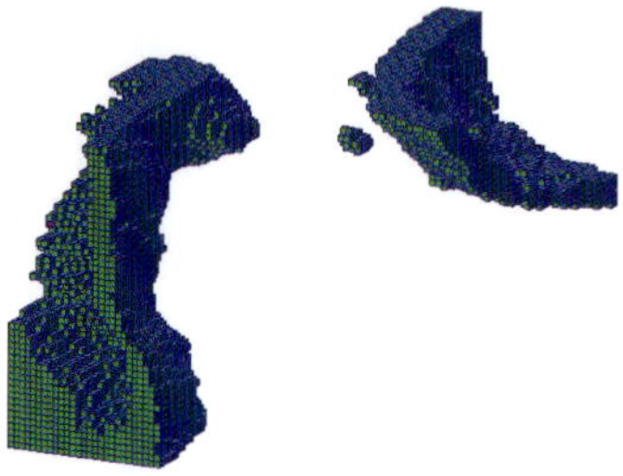	块体化程度：4.7532‰~6.8421‰； 形状："八"字形； 分布：在试验区内分布范围较广，由左右两部分主体及部分较小的岩块构成； 体积：2.6096 万 m^3； 岩性条件：区域节理较发育，完整程度一般，结构面密度较大
e		块体化程度：9.6487‰~19.1390‰； 形状：断开拱门形； 分布：在试验区内分布范围较广； 体积：1.872 万 m^3； 岩性条件：区域节理发育，存在大量随机性结构面与确定性结构面，岩体完整性差
f		块体化程度：9.6487‰~19.1390‰； 形状：散体状； 分布：在试验区内分布最为离散； 体积：0.8962 万 m^3； 岩性条件：区域节理裂隙极为发育，节理紊乱，完整性最差

由表 3-2 可知，各均质区形态各异，有的连续集中，有的则分布离散，由几部分构成。其中，编号 a、b、f 这 3 个均质区具有的特征较为鲜明，从形态上可以轻易将其区分开来。但编号 c、d、e 这 3 个均质区块体则相似程度较高，都由左右两部分主要块体构成并携带有少量小块体，形态上大体都呈弯曲断开的条状。但总体来说，各均质区间的差异性还是比较明显的，且各均质区的完整连续程度与其相对应的块体化程度值都有着紧密相关的联系。块体化程度值低的均质区

(编号 a、b)岩体完整性好，集中分布，均质区内主要存在随机性结构面，同时有少量确定性结构面参与。块体化程度值高的均质区(编号 f)岩体破碎程度高，完整性差，节理交叉切割程度高，块体离散分布。

各均质区之间的主要差别是均质区分显工作的一个主要内容，但与此同时各均质区之间也存在着某种必然的联系，依旧不能够轻易忽视。由表 3-2 与图 3-15 可知，各均质区的排列是按照块体化程度值从低到高逐渐变大的趋势依次组合起来的。也就是说，块体区域的破碎程度在岩体中呈现明显的递增趋势，结构面交叉切割较少的部分随着岩体走势，节理逐渐变得发育，同时其所处的均质区体积也愈来愈小，结构面密度越来越大。

按各均质区块体化程度属性值将其单独分开显示，有利于将注意力集中在单独的不规则区域上，通过从三维视角对其体态轮廓的观察，细致入微地刻画其特征与分布情况。当然，各均质区的存在并不是孤立的，其在天然的形成过程中，经过地质运动、风化腐蚀以及地下水等多种因素的共同作用，形成了性质相异的独立区域，这些独立区域之间是一种复杂的组合关系。均质区间的有序组合和空间位置使得整个区域裂隙岩体的各方面性能都呈现出最天然、最恰当的状态。因此，均质区的分显工作也只是从局部视角着手研究岩体均质性的一种手段。

研究岩体结构应从多个角度、多个维度和多方面融会贯通地进行剖析，只有这样，才能最大限度地发挥其局部优势与组成优势，并针对性地因地制宜，制定最优施工方案。但不可否认，均质区的分显工作是一个具有创新性的研究岩体结构的新方法，其可为下一阶段岩体的质量评测提供前提和搭建平台，同时也对后期现场评测和稳定性评价有一定的指导作用。

3.6　随机裂隙占比对结构均质区三维划分结果的影响规律

对于工程岩体而言，由于发育的优势结构面簇都有自身的统计特征，因而可用随机数反映，但针对一些大型结构面(如断层等)则用确定结构面模拟[15]。目前大多数对均质区划分的工作中，设置裂隙参数皆采取上述方法。但 Palmstorm[16]认为，可将发育的优势结构面视为确定性结构面，而一些无法清晰分组的结构面视为随机性结构面。该观点用于统计岩体均质区时可进行更为精确的划分[17]。确定裂隙之间的互相交切主导着岩体破碎程度与均质区划分统计，但岩体中随机裂隙之间的互相交切、随机裂隙与确定裂隙之间交切也同样对岩体破碎程度和均质区划分的统计起着一定的作用。因此，有必要弄清楚随机裂隙的影响规律。

针对随机裂隙对均质区划分结果影响规律问题，建立若干不同随机裂隙与确定裂隙比值的裂隙岩体三维网络模型，利用块体化程度指标划分岩体结构均质区，分析不同比值下均质区划分结果，以评估随机裂隙占比对均质区划分结果的影响规律。

3.6.1 裂隙岩体三维网络模型构建及均质区划分

1）裂隙岩体三维网络模型构建

GenralBlock 软件[11]是能在“有限延展裂隙，复杂开挖面形状”情况下识别出所有块体的软件，且具有占用磁盘空间量小，数据处理量大及速度快等特点，在应用中更贴近工程实际情况。利用该软件分别建立随机裂隙与确定裂隙比值 $b=+\infty$（完全随机裂隙），1.5，1，0.5 的 4 组模型（当模型全部为确定裂隙时，划分结果不具有统计意义，因此本书不考虑全确定裂隙的建模）。

为减小其他因素对分析结果的影响，统一构建 50 m×50 m×50 m 的岩体模型。由于随机裂隙的不确定性，难以事先确定具体条数，因此先设置随机裂隙，预设随机裂隙迹长为 0~3 m。

在裂隙概率分布模型中，平均分布、Fisher 分布、Bingham 分布、正态分布、二元正态分布、负指数分布和经验概率分布均被广泛用于描述裂隙分布情况[18]。为贴合实际的工程岩体，设置随机裂隙迹长的分布方式服从对数正态分布，其概率密度计算式[19]为

$$f(x)=\frac{1}{x\sigma\sqrt{2\pi}}\exp\left(-\frac{(\ln x-\mu)^2}{2\sigma^2}\right),\quad -\infty<x<+\infty \tag{3-20}$$

式中：μ 代表裂隙参数的均值；σ 决定随机裂隙参数的离散程度。标准差 σ 越大，意味着岩体参数值差异越大，裂隙各参数变量取值分布越离散；标准差 σ 越小，岩体中参数的差异越不明显，该参数变量取值分布越集中。

大量的实践证明，Fisher 分布更贴合实际裂隙产状的分布方式[20]。因此，本书亦采用这种方式设置裂隙产状分布，其概率密度计算式为

$$f(\theta)=\frac{K\sin\theta\exp(K\cos\theta)}{\exp(K)-1} \tag{3-21}$$

式中：θ 为各裂隙与最大概率方向的夹角；K 为离散系数。

离散系数 K 越大，裂隙越接近其主方向；反之亦反。

随机裂隙生成后，根据其数量加入对应比例确定裂隙生成模型。为在岩体模型中直观地对比确定裂隙与随机裂隙，确定裂隙生成参数范围如表 3-3 所示。

表 3-3　确定裂隙生成参数范围

延展性/m	坐标		产状	
	方向	范围	倾向/(°)	倾角/(°)
(45, 55)	X 轴	(-5, 55)	(0, 5)	(0, 5)
	Y 轴	(-5, 55)	(0, 5)	(85, 90)
	Z 轴	(-5, 55)	(85, 90)	(0, 5)

考虑裂隙对岩体实际的切割情况，需扩大裂隙生成的起始坐标点，部分裂隙长度设置也应大于模型边长。由块体化程度定义[21]可知，岩体内部由裂隙互相切割形成块体，且形成块体至少需要 3 组相交裂隙。因此，设置 3 组两两相交的裂隙。裂隙基本参数设置完成后，生成的模型如图 3-18 所示。

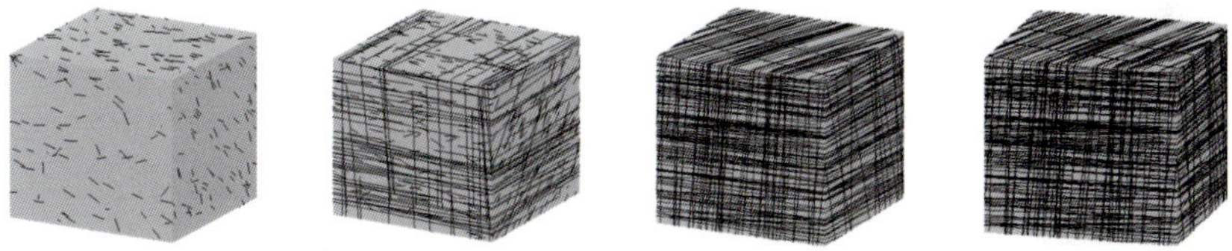

(a) $b=\infty$　(b) $b=1.5$　(c) $b=1$　(d) $b=0.5$

图 3-18　4 种模型

由图 3-18 知，随机裂隙对岩体的切割程度较小，岩体的破碎程度主要由确定裂隙控制，随着确定裂隙数量的增加，裂隙对岩体的切割程度依次增大；当 $b<1.5$ 时，由于确定裂隙对岩体的切割程度更加密集，导致随机裂隙在图中并未直观显现，岩体的破碎程度主要取决于确定裂隙之间的互相交切情况。

2) 岩体模型正交网格化及子区 MB_i 测取

利用正交网格化方法，将试验区结构面的岩体模型离散为若干小区域的岩体。为使岩体子区的特征参数具有代表性，借鉴岩体表征单元体(REV)[22]思想，求解最优网格尺寸。以岩体中心点为中心，生成 1 m×1 m×1 m 的网格，并以 1 m 的边长逐渐扩大模型直至与岩体模型设置大小重合，求出 REV。各比值下最优网格尺寸确定如图 3-19 所示。

随机裂隙与确定裂隙在比例为 $b=+\infty$，1.5，1，0.5 时，最优网格尺寸分别为 20 m、40 m、30 m、20 m。且由图 3-19 知，b 取值不同块体化程度值 MB_i 随着模型尺寸增大情形也不同。当 $b\geq 1.5$ 时，网格尺寸与块体化程度值 MB_i 趋向关系为先升后降；当 $b<1.5$ 时，其走向处于上升状态。可初步判断，当 $b\geq 1.5$ 时，裂隙

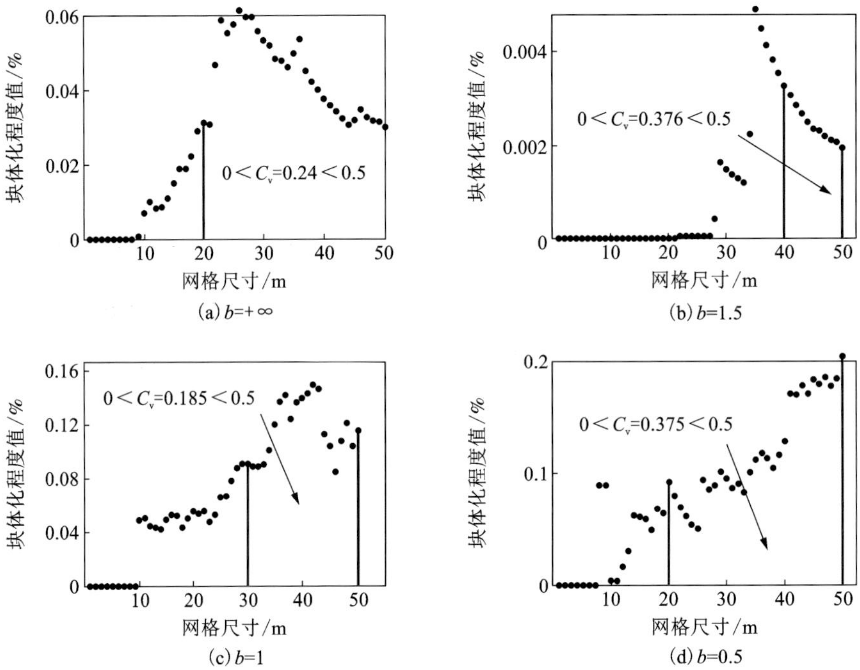

图 3-19　4 种模型最优网格尺寸确定

在岩体内形成的块体分布朝中心点集中，直到超过某个尺寸时离散性开始增大；当 b<1.5 时，裂隙在岩体内形成块体分布的离散性较为稳定。

为避免忽略划分中的细节变化，对各比值下模型分别建立 20 m×20 m×20 m、40 m×40 m×40 m、30 m×30 m×30 m、20 m×20 m×20 m，步距为 1 m 的重叠网格测取子区块体化程度值 MB_i 并进行统计，测取结果及模型子区块体化程度值分布情况如图 3-20 所示。

实际工程中，岩体中裂隙并非处于平均分布，单位块体内裂隙分布情况也不相同，图 3-20 中计算出的块体化程度值差异较大，各块体化程度值 MB_i 区间内出现的数值频数也不相同。均质区划分的主要研究方向是探讨这些数据差异及对这些分布情况归类统计，划分均匀结构区域。然而，模型子区块体化程度值直方图显示的分布情况仅是为了便于统计结果而进行的主观划分，并不能准确地显示岩体内均质结构区域的分布情况，需用 K-means 算法对统计结果作出更加客观、精准的均质区划分。

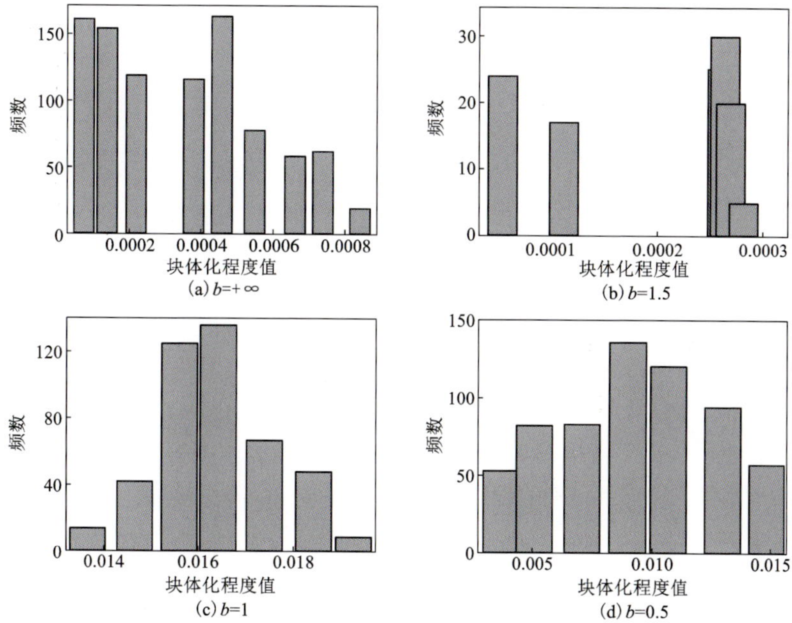

图 3-20　模型子区块体化程度分布直方图

3) 基于 K-means 与 SSE 最优聚类数目判定

用 K-means 聚类算法对 4 个补充模型进行聚类，首先进行最优聚类数目判定如图 3-21 所示。

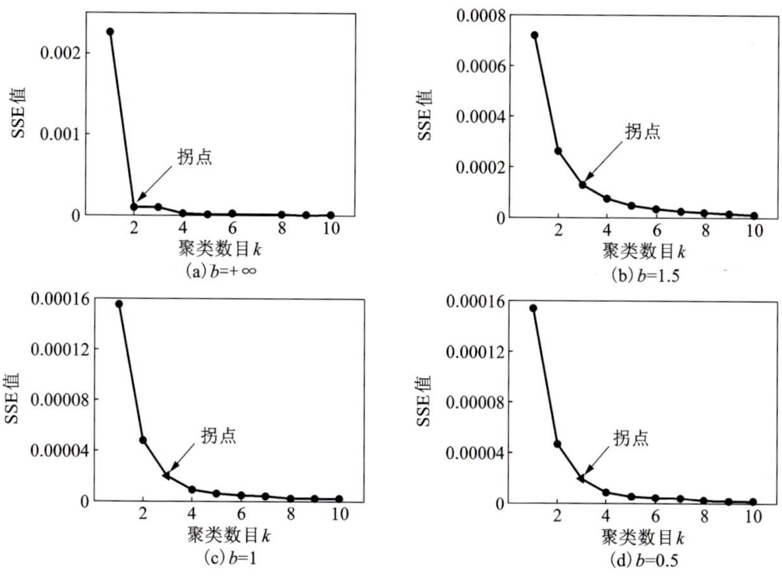

图 3-21　聚类数目 k 与 SSE 关系

由图3-21可知，随机裂隙与确定裂隙在比值为 $b=+\infty$，1.5，1和0.5时，最优聚类数目分别为2、2、3和3；当 b 减小，即随机裂隙的数量减少时，曲线前半部分的斜率逐渐减小；当 $b\geqslant1.5$ 时，可以很明显看出曲线在 $k=2$ 时发生转折，即 $b\geqslant1.5$ 时最优聚类数目均为2，曲线变化较大；当 $b<1.5$ 时，曲线斜率减小趋势较缓，拐点坐标，即最优聚类数目 $k>2$。由此可以判断，岩体中随机裂隙的占比会对均质区的划分数目产生影响，并且在 $b\in(1.5, 1]$ 处必然存在某个点，使得前半部分曲线拐点逐渐减缓。

3.6.2 确定裂隙与随机裂隙比值对均质区划分结果的影响

3.6.2.1 4组模型均质区划分结果

确定最优聚类数目后，结合4组裂隙岩体模型块体化程度值分布进行统计及划分均质区，结果如表3-4所示。划分结果表明，区间内的块体化程度值具有高度相似性，可视为相似源(均质区)获得的数据。

表3-4 均质区划分结果

比值	1	2	3	4
+∞	[0.003264%, 0.74%]	4.680911%	—	—
1.5	[0.00473%, 0.0125%]	[0.02061%, 0.03372%]	—	—
1.0	[1.271%, 1.557%]	[1.558%, 1.721%]	[1.723%, 1.994%]	—
0.5	[0, 0.04219%]	[0.04286%, 0.11826%]	[0.1211%, 0.18821%]	—

当随机裂隙与确定裂隙比值大于等于1.5时，模型块体化程度值均可划分为2个不相同的均质区域，当该比值小于等于1时，模型划分的均值区域大于2，且区域数量呈现增长趋势。因此，在 $b\in(1, 1.5]$ 处必然存在某个 x，当 $b\geqslant x$ 或 $b>x$ 时均质区划分情况与 $b\geqslant1.5$ 相符；当 $b<x$ 或 $b\leqslant x$ 时均质区划分情况与 $b<1.5$ 相符。

为进一步找到最优值 x 以确定随机裂隙占比对均质区划分产生的影响规律，下面在随机裂隙与确定裂隙比值为1.0~1.5时建立模型，对其均质区分区变化情况进行讨论。

3.6.2.2 补充网络模型建立与均质区划分

在随机裂隙与确定裂隙比值为1~1.5时，运用均匀差值法，分别建立比值 $b=1.1$，1.2，1.3，1.4的补充模型并划分均质区，建模与均质区划分方式与前述相同。对模型加入对应比例的随机裂隙与确定裂隙，建立4组模型(见图3-22)。

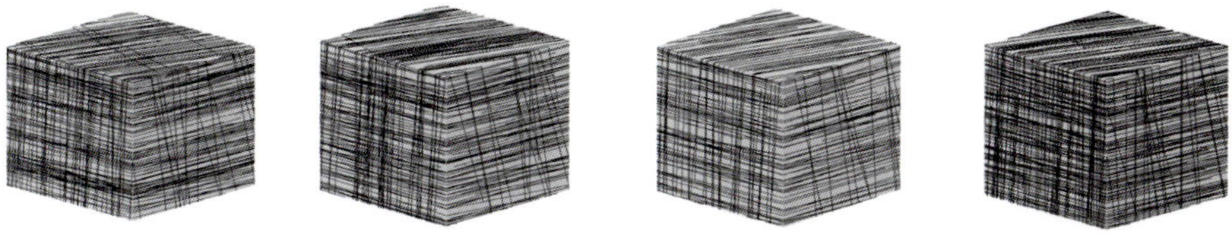

(a) b=1.1　(b) b=1.2　(c) b=1.3　(d) b=1.4

图 3-22　4 组补充模型

图 3-22 中 4 组模型因两种裂隙比值增长幅度较小，且由于确定裂隙较多、迹长较长，随机裂隙在图中显示不明显，使得模型图相差不大，初步判断这 4 组岩体破碎程度由确定裂隙决定，但还需深入探究其具体影响。

首先求 4 组模型的 REV，从模型中心点逐步扩大岩体体积求出最优网格尺寸，结果如图 3-23 所示。

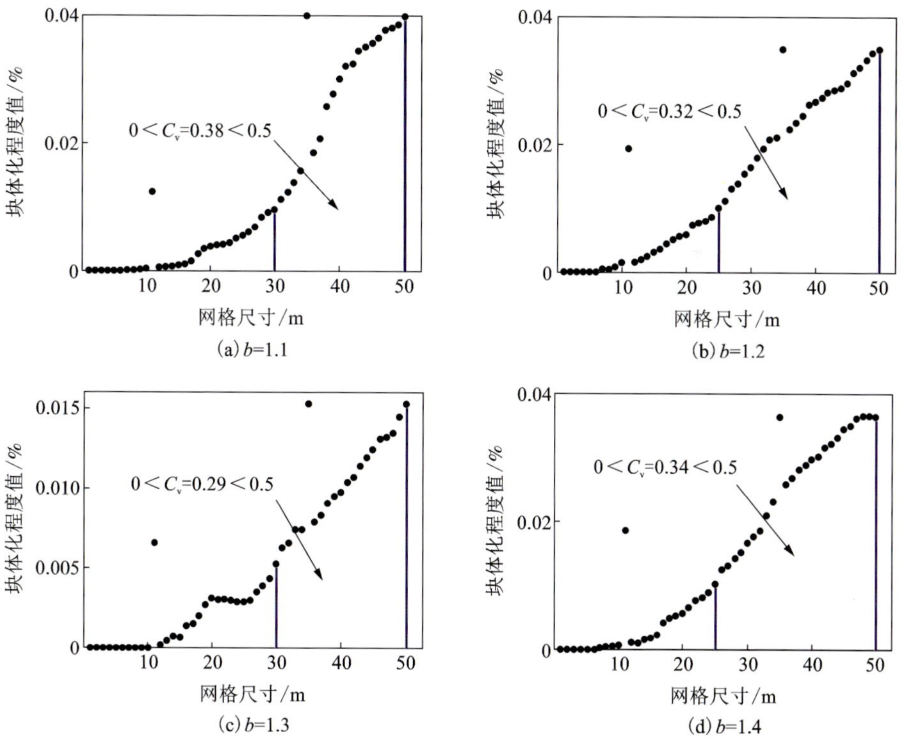

(a) b=1.1　(b) b=1.2　(c) b=1.3　(d) b=1.4

图 3-23　4 种模型最优网格尺寸确定

由图 3-23 可知，在随机裂隙与确定裂隙比值 b=1.1，1.2，1.3 和 1.4 时，最优网格尺寸分别为 30 m、25 m、30 m 和 25 m。对比图 3-23 中各比值下网格尺寸与块体化程度值走向关系可知，b 小幅度增长使块体化程度值与网格尺寸关系图均呈现增长趋势，随机裂隙占比的变化对其增长趋势亦有着小范围的影响。

根据求得的最优网格尺寸，建立相应比值下的模型，模型尺寸分别为 30 m×30 m×30 m、25 m×25 m×25 m、30 m×30 m×30 m、25 m×25 m×25 m，步距为 1 m 的重叠网格测取子区块体化程度值，测取结果及模型子区块体化程度值分布情况如图 3-24 所示。

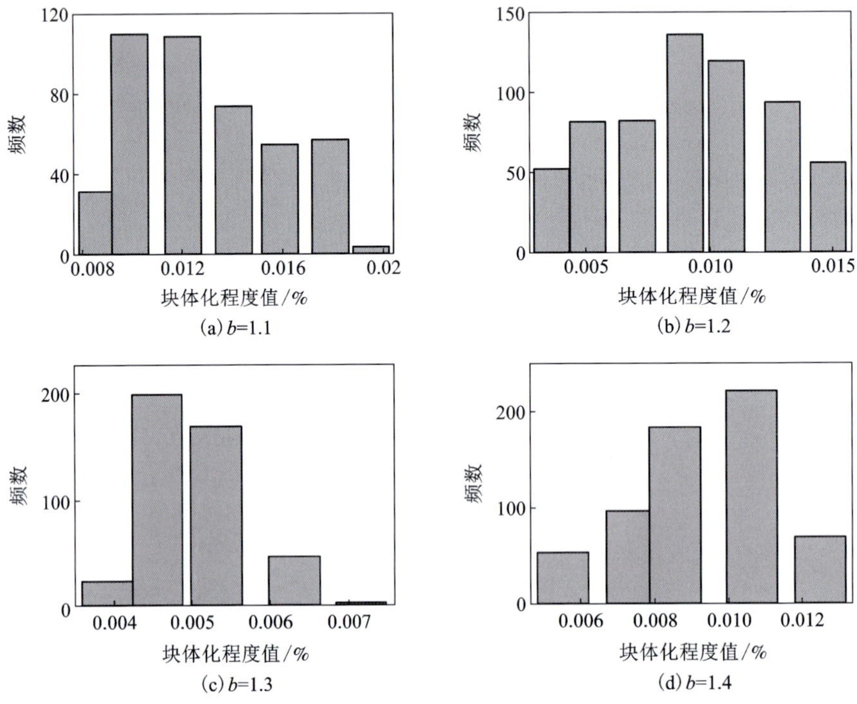

图 3-24　模型子区块体化程度分布直方图

从图 3-24 可看出，尽管随机裂隙占比差异较小，但块体化程度值的上下限、分布情况均不相同，这主要是因为随机裂隙的干扰。应继续对各组模型的块体化程度值结果进行聚类分析，得出均质区划分结果并分析随机裂隙占比对其均质区划分的影响。

用 K-means 聚类算法对 4 个补充模型进行聚类，首先进行最优聚类数目判定如图 3-25 所示。设立的 4 组模型随机裂隙与确定裂隙比值间隔为 0.1，差异较小。尽管随机裂隙数量的差异导致图 3-25 中块体化程度值分布情况不同，但聚类 4 组模型最优聚类数目均为 3，均质区划分结果如表 3-5 所示。聚类数目 k 与 SSE 关系图具有高度相似性。

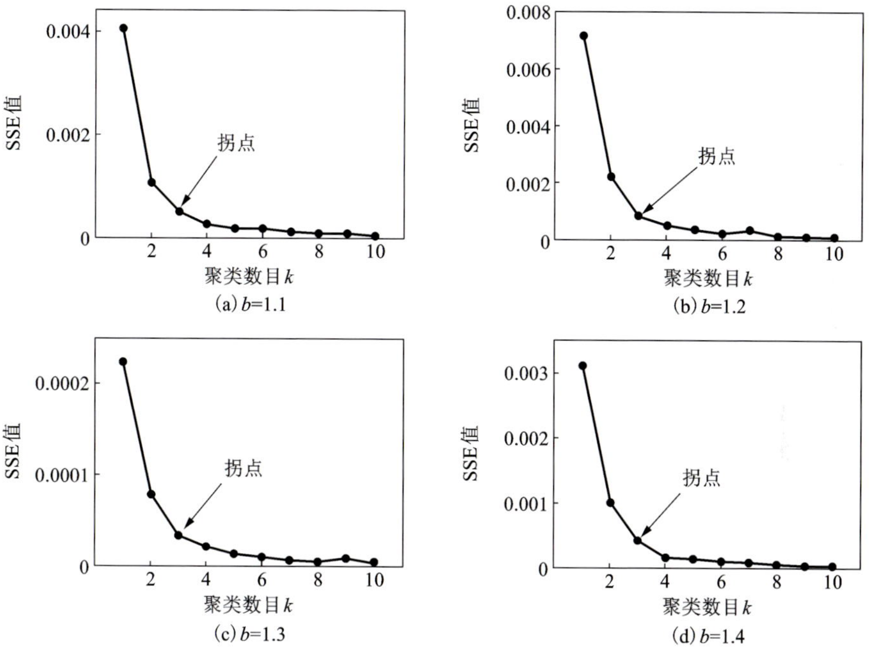

图 3-25　聚类数目 k 与 SSE 关系

表 3-5　均质区划分结果

比例＼区间	1	2	3
1.1	[0.729%, 1.146%]	[1.149%, 1.510%]	[1.514%, 2.052%]
1.2	[0.195%, 0.720%]	[0.727%, 1.142%]	[1.151%, 1.617%]
1.3	[0.357%, 0.474%]	[0.476%, 0.562%]	[0.566%, 0.722%]
1.4	[0.493%, 0.696%]	[0.714%, 0.963%]	[0.965%, 1.389%]

表 3-5 中，虽各模型 b 的差异(即随机裂隙的比值对块体化程度值的分布情况、上下限)均不同，但 4 组模型均被划分为 3 类相似结构区域。以 $b=1.3$ 为例，结合图 3-24 可知，岩体区域内绝大部分块体化程度在[0.476%, 0.562%]内，这是由于大量确定性结构面对试验岩体块体化程度产生了显著影响。结果同时表明，随机裂隙占比为 $b=1.1\sim1.4$ 时对均质区划分几乎无影响。

3.6.2.3 随机裂隙占比对均质区划分结果影响

为分析随机裂隙占比对均质区划分结果的影响，基于前述分析结果对影响均质区划分结果的随机裂隙与确定裂隙占比阈值进行了确定，并分析了不同裂隙占比对均质区划分结果的影响规律。当 b 为 1.1～1.4 时，聚类数目 k 与 SSE 关系图曲线走向相差不大，并且最优聚类数目 k 均为 3，即 4 组模型皆可分为 3 类相似源(均质区)数据。由此可知，随机裂隙占比阈值 $b=1.5$。在均质区划分时，以随机裂隙与确定裂隙比值 $b=1.5$ 时为界，当 $b\geqslant1.5$ 时，随机裂隙对均质区的划分有着重要影响，即随机裂隙之间的互相交切、随机裂隙与确定裂隙的交切对均质区划分有着重要影响，在划分过程中不可忽略；当 $b<1.5$ 时，模型内块体主要由确定裂隙之间互相交切组成，随机裂隙几乎不参与块体的形成，在划分过程中可以忽略随机裂隙的构成。

3.6.3 实例验证

基于铜坑矿锌多金属矿体 3#矿块(见图 2-37)开展工程实例验证分析。由 3.3 知该矿块赋存有 42 条确定结构面(见图 3-8)，对包含确定裂隙的 3#矿块的网络模型分别添加 63 条($b=1.5$)与 42 条($b=1$)随机裂隙如图 3-26(a)、图 3-26(b)所示。

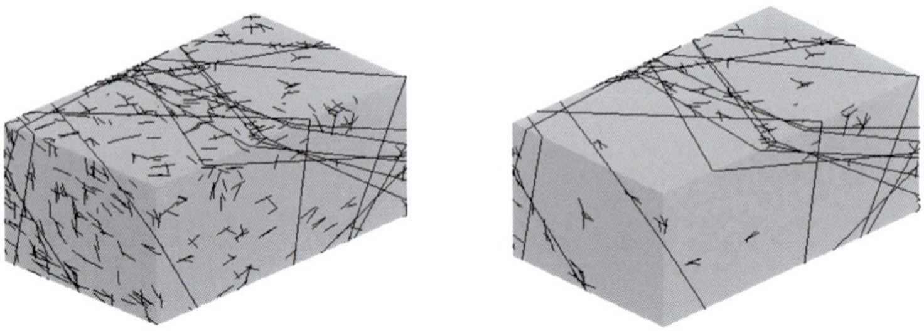

(a) b=1.5　　(b) b=1

图 3-26 铜坑锌多金属矿 3#矿块岩体裂隙网络模型

对这两组模型进行均质区划分以验证得出的结果。首先从模型质心点开始扩大尺寸，确定代表性单元块体尺寸 REV 如图 3-27 所示。

由图 3-27 可知，在 $b=1.5$ 时该岩体最优网格尺寸为 40 m，$b=1$ 时岩体最优网格尺寸为 35 m。为避免忽略细节变化，以步距为 1 m 的重叠网格方法测取岩体子区块体化程度值，即于模型范围内布置步距为 1 m(即相邻网格的质心点距离为 1 m)、尺寸分别为 40 m×40 m×40 m、35 m×35 m×35 m 的重叠网格，同时测取

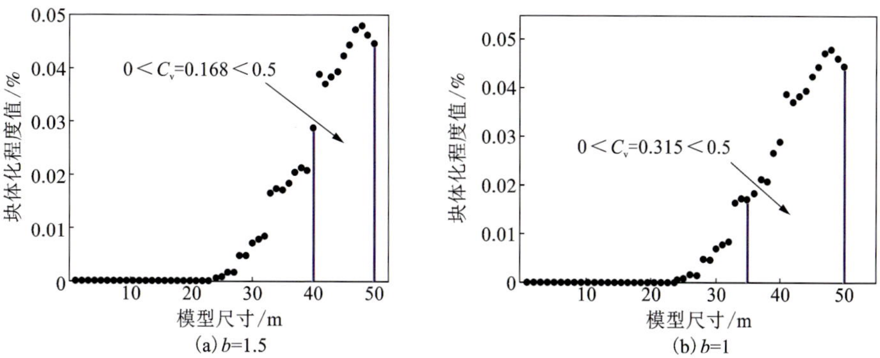

图 3-27　模型子区块体化程度值直方图

块体化程度值。另外，为测取模拟区边界上的块体化程度值，将模拟区范围扩大至 80 m×120 m×70 m(真实模拟区尺寸为 60 m×100 m×50 m)。

最终，测取的所有块体化程度值如图 3-28 所示，根据所求各子模型块体化程度值进行聚类分析，并绘制出聚类数目与 SSE 关系图(见图 3-29)。

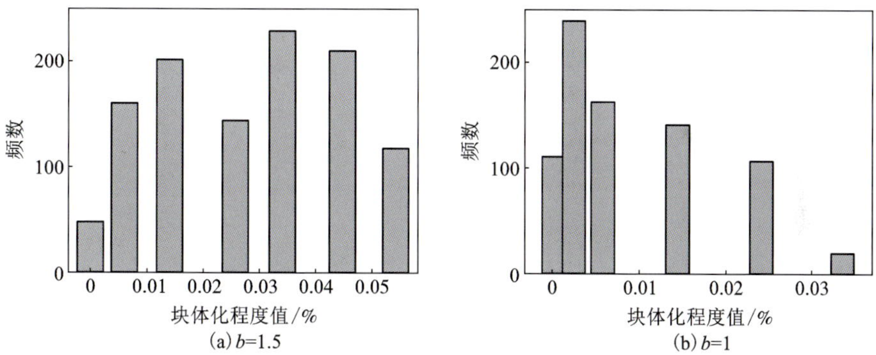

图 3-28　模型子区块体化程度值直方图

由图 3-29 可知，两组案例中最优聚类数目分别为 2、3：当 $b=1.5$ 时，模型可分为[0, 2.673%]，[2.697%, 6.828%]2 个数据区间；当 $b=1$ 时，模型可分为[0, 0.951%]，[0.964%, 2.10%]，[2.151%, 3.675%]3 个数据区间，随机裂隙占比的不同对模型块体化程度值及分布情况也有着影响。划分结果同时表明，两组案例区间内的数据具有高度相似性，可视为相似源(均质区)获得的数据。

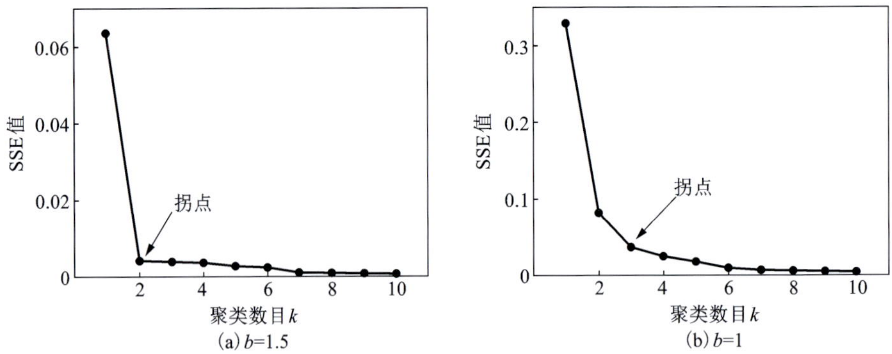

图 3-29　聚类数目 k 与 SSE 关系

3.6.4　随机裂隙占比对均质区划分结果的影响

(1)以随机裂隙与确定裂隙比值为 $b=1.5$ 为界，随机裂隙对均质区划分中代表性单元体 REV 的确定、聚类数目 k 与聚类结果误差平方和 SSE 值的关系都有影响，当 $b\geqslant1.5$ 时，REV 确定图、k 与 SSE 关系图差异较大；当 $b<1.5$ 时，REV 确定图、k 与 SSE 关系图中的走向大体趋于一致。因此，对实际岩体建模完成后，若随机裂隙与确定裂隙比值 $b\geqslant1.5$ 时，这 3 类关系可直接由确定裂隙统计，无需考虑随机裂隙。

(2)当随机裂隙与确定裂隙比值 $b>1.5$ 时，随机裂隙对均质区的划分有着重要的影响，即随机裂隙之间的互相交切、随机裂隙与确定裂隙的交切会干扰岩体内形成的块体分布，在划分过程中不可忽略；当 $b\leqslant1.5$ 时，模型内块体主要由确定裂隙之间互相交切组成，随机裂隙对块体的形成影响不大，在划分过程中可以忽略随机裂隙的构成。

(3)均质区划分主要由确定裂隙交切影响岩体破碎程度决定，相比确定裂隙而言，岩体内部的随机裂隙难以交切或交切形成的块体较小，且当 $b\geqslant1.5$ 时，可以直接使用确定裂隙来划分均质区，无需考虑 b 值变化，但仍需慎重考虑块体化程度值的统计。

参考文献

[1] MILLER S M. A statistical method to evaluate homogeneity of structural populations[J]. Journal of the International Association for Mathematical Geology, 1983, 15: 317-328.

[2] MAHTAB M A, Yegulalp T M. Similarity test for grouping orientation data in rock mechanics

[C]//ARMA US Rock Mechanics/Geomechanics Symposium. ARMA, 1984: ARMA-84-0495.

[3] KULATILAKE P H S W, WATHUGALA D N, POULTON M, et al. Analysis of structural homogeneity of rock masses[J]. Engineering Geology, 1990, 29(3): 195-211.

[4] MARTIN M W, TANNANT D D. A technique for identifying structural domain boundaries at the EKATI Diamond Mine[J]. Engineering Geology, 2004, 74(3): 247-264.

[5] KULATILAKE P H S W, FIEDLER R, PANDA B B. Box fractal dimension as a measure of statistical homogeneity of jointed rock masses[J]. Engineering Geology, 1997, 48(2): 217-229.

[6] LI Y Y, WANG Q, CHEN J P, et al. A Multivariate Technique for Evaluating the Statistical Homogeneity of Jointed Rock Masses[J]. Rock Mechanics and Rock Engineering, 2015, 48(5): 1821-1831.

[7] 高敬, 杨春和, 王贵宾. 甘肃北山岩体结构均质区划分方法的探讨[J]. 岩土力学, 2010, 31(2): 588-592+598.

[8] 张国强, 张茹, 赵小平, 等. 岩体结构均质区划分的体视学方法研究初探[J]. 岩石力学与工程学报, 2011, 30(6): 1239-1249.

[9] SONG S Y, WANG Q, CHEN J P, et al. A multivariate method for identifying structural domain boundaries in a rock mass[J]. Bulletin of Engineering Geology and the Environment, 2015, 74(4): 1407-1418.

[10] ZHOU X, CHEN J P, RUAN Y K, et al. Demarcation of Structural Domains in Fractured Rock Masses Using a Three-Parameter Simultaneous Analysis Method[J]. Advances in Civil Engineering, 2018, 8(3): 1-13.

[11] 于青春, 薛果夫, 陈德基. 裂隙岩体一般块体理论[M]. 北京: 中国水利水电出版社, 2007.

[12] 陈庆发, 陈德炎, 韦才寿. 结构面连通性原理与判别方法[J]. 岩土工程学报, 2013, 35(增刊): 230-235.

[13] 陈庆发, 古德生. 地下矿山裂隙岩体结构解构理论方法及应用[M]. 长沙: 中南大学出版社, 2016.

[14] 吴夙慧, 成颖, 郑彦宁, 等. *K*-means 算法研究综述[J]. 现代图书情报技术, 2011, 27(5): 28-35.

[15] 北京三地曼矿业软件科技有限公司. 3DMine 三维业软件基础教程[M]. 北京: 北京三地曼矿业软件科技有限公司, 2014.

[16] PALMSTORM A. Measurements of and correlations between block size and rock quality designation (RQD)[J]. Tunnelling and Underground Space Technology, 2005, 20(4): 362-377.

[17] 陈庆发, 尹庭昌, 高远. 地下矿山裂隙岩体结构均质区三维划分方法研究[J]. 岩土力学, 2019, 40(8): 3181-3188.

[18] HAN X D, CHEN J P, WANG Q, et al. A 3D Fracture Network Model for the Undisturbed

Rock Mass at the Songta Dam Site Based on Small Samples[J]. Rock Mechanics and Rock Engineering, 2016, 49(2): 611-619.

[19] SHEININ V I. Use of the Lognormal Distribution for Processing the Results of Mechanical Testing of Soils[J]. Soil Mechanics and Foundation Engineering, 2020, 57(5): 351-355.

[20] 周维垣, 杨强. 岩石力学数值计算方法[M]. 北京: 中国电力出版社, 2005.

[21] XIA L, YU Q C. Numerical Investigations ofBlockiness of Fractured Rocks Based on Fracture Spacing and Disc Diameter [J]. International Journal of Geomechanics, 2020, 20(3): 04020004.

[22] 周创兵, 於三大. 论岩体表征单元体积 REV——岩体力学参数取值的一个基本问题[J]. 工程地质学报, 1999, 7(4): 332-336.

第 4 章

基于块体化程度指标的岩体质量分级方法

4.1　现有岩体质量分级方法

多年来，岩体质量分级研究一直是岩石力学与工程领域关注的热点与难点。迄今为止，各国专家学者提出了众多岩体质量分级方法[1]。不可否认，这些分级方法对岩体宏观力学参数确定、岩体工程设计施工等方面起着重要且积极的促进作用；但也应认识到这些分级方法均从一维或二维角度评价岩体结构完整性，难以准确评价空间上岩体结构的三维本质属性，甚至可能造成分级评价结果失准[2]。

4.1.1　太沙基岩体载荷指标分级法

在铁路隧道建设中，为确定钢拱架支护上的洞顶岩体载荷，根据地质条件，Terzaghi[3] 于 1946 年提出了岩体载荷指标分级法(见表 4-1)。Terzaghi 重点考虑了岩体性质和结构特征，对岩体类型进行了定性划分；依据岩体坚硬程度、完整性、风化程度和膨胀性等因素，将岩体分为九级，并针对性地给出了各级别岩体载荷系数和建议采取的支护措施。

表 4-1　岩体载荷指标分级法

级别	描述	载荷系数 HP	其他
Ⅰ	岩石坚硬完整，不含裂隙，开挖后，在开挖面可能产生爆裂或碎裂	0	在爆裂或碎裂部位局部支撑
Ⅱ	厚层坚硬岩，结构面黏结好，掌子面上常见爆裂或碎裂现象	0~0.5B	破裂部位局部支撑，荷载能在不同岩层间传递

续表4-1

级别	描述	载荷系数 HP	其他
Ⅲ	巨块状岩体，含长大裂隙，裂隙镶嵌较好，直立岩墙不须支护，可能出现破裂	0~0.25*B*	破裂部位局部钢支撑
Ⅳ	岩石新鲜，含一定量裂隙，裂隙镶嵌不好，有少量张开，直立岩墙不需支护，可能出现破裂	(0.25~0.35)(*B*+*H*)	没有侧压力
Ⅴ	岩石未风化，但裂隙较多，而且裂隙张开甚至脱离，直立岩墙需要支护	(0.35~1.1)(*B*+*H*)	没有或有少量侧压力
Ⅵ	岩石未风化，但裂隙密集，岩体被切割成碎块，而且块体间镶嵌不好，较松散，开挖面需要大量支护	1.1(*B*+*H*)	有大量侧压力，地下水作用时会恶化，需要环状肋梁支撑
Ⅶ	岩石会向隧道内缓慢挤入，但是没有明显体积变形，埋深一般 150~1000 m	(1.1~1.2)(*B*+*H*)	侧压力严重，需要支柱支撑，建议用环状肋梁
Ⅷ	岩石会向隧道内缓慢挤入，但是没有明显体积变形，埋深一般 >1000 m	(2.1~4.5)(*B*+*H*)	
Ⅸ	遇水膨胀岩体	与 *B*、*H* 无关	需要环状肋梁支撑，极端情况下需要柔性支撑

注：①*B* 为硐宽，*H* 为硐高；

②假设隧道在地下水位以下，对于地下水位以上隧道，Ⅳ至Ⅵ级岩体的 HP 值降低；

③假设采用钻爆法开挖隧道，对于机械开挖隧道，Ⅱ至Ⅵ级岩体的 HP 值降低 20%~25%。

该分级法虽受主观或经验影响较大，但实施简单且不需进行复杂地质调查或岩体物理力学测试。这种分级法常为长隧道设计所采用，所确定的支护结构上的载荷作为岩石松动载荷考虑。如围岩产生的实际压力远大于这种松动载荷，则该方法适用性不强。

4.1.2 RQD 分级法

岩石质量指标 RQD(Rock Quality Designation)是由 Deere 等[4]提出用以描述岩体完整性的指标，其分级标准如表 4-2 所示。Deere 等认为钻探所获取的岩芯的完整程度与岩体的原始状态有关，如裂隙、硬度、均质性等，以 10 cm 以上岩芯长度之和与钻孔总长度的百分比为依据可判断岩体原始完整性状态；根据 RQD 的大小，可将岩体质量划分为五类。

表 4-2　RQD 工程岩体分级标准

RQD/%	<25	25~50	50~75	75~90	90~100
岩体质量	很差	差	一般	好	很好

为了避免依据钻孔岩芯计算 RQD 时面临的方向性问题，Palmstrom[5] 于 1982 年给出了利用节理数 J_V 估算 RQD 的经验公式

$$RQD = 115 - 3.3J_V \tag{4-1}$$

目前，RQD 指标仍被广泛应用于水利水电、采矿工程、交通工程等岩体质量及稳定性评价中；但 RQD 分级方法只是一种单因素分级方法，仅用 RQD 指标进行工程岩体质量分类时，结果与实际往往会存在一定误差。此外，实际工程中经常出现在同一岩体中不同方向钻孔测得的岩体 RQD 指标离散性很大，有时甚至出现与实际岩体完整性完全不符的情况。深入分析发现，钻探测得的 RQD 指标在实际中难以应用的主要原因是岩体工程地质特征的复杂性，具体表现在以下几个方面。

1）岩体的非均质性

工程岩体不是完整均匀的岩石材料，而是一种具有非均质性的复杂地质体。由于赋存于岩体内的结构面发育程度及充填特征的不均一性，引起了岩体工程性质的非均质性。因此，直观体现为同一岩体不同区域的 RQD 存在差异，有时甚至仅相距 1 m 的测点，测出的岩体 RQD 也存在较大差异。此外，在获取 RQD 时，为节约钻探成本，常常不能大量开展钻探工作，因而较少的钻孔数据很难全面真实反映岩体的完整性。

2）岩体的各向异性

结构面在岩体内的随机分布导致了岩体物理、力学特性的各向异性，岩体的 RQD 受岩体各向异性性质影响更甚。尤其区间在结构面组数较少时，RQD 的各向异性更加明显。但获取 RQD 时，绝大多数钻探为垂直进钻，不可能得到各方向的 RQD，因而难以全面反映岩体质量的好坏。例如，仅发育一组顺层节理的水平层状岩体，层厚为 9 cm 时则铅直钻孔测得 RQD 为 0，而水平钻孔测得的 RQD 却为 100%；同样，仅发育一组顺层节理的岩体，层厚为 9 cm 时，用铅直钻孔进行测量，若岩层倾角>26°，RQD 为 100%；若岩层倾角<26°，则 RQD 为 0。

3)用一维属性代表三维属性的缺陷性

岩体是具有三维属性的空间地质体，其物理力学性质具有典型的空间特性。但工程实际中，用于反映岩体质量指标的 RQD 是在一维角度获取的量值，很难真实、全面反映岩体三维空间上的完整性程度。

4)岩芯段阀值的局限性

求取岩体质量指标 RQD 时，以 10 cm 作为岩芯段界线值是值得商榷的问题。例如，对仅发育一组顺层节理的某水平层状岩体，A 区域层厚为 9 cm，B 区域层厚为 11 cm，C 区域层厚为 100 cm，假设各岩体结构区域的岩层厚度均匀。根据 Deere 的定义，A、B、C 3 个结构区域的 RQD 分别为 0，100，100。据此将得出，A 结构区岩石质量极差，B 和 C 结构区岩石质量很好的结论。但实际上，A 岩体结构区域与 B 岩体结构区域的岩体完整性基本相同，而 B 区域与 C 区域的岩体完整性却相差很大。多年来，众多学者[6-7]针对 RQD 岩芯段阀值问题开展了研究，并提出了一系列诸如广义 RQD、RQD 阀值动态确定等改进方法。

5)取样的人为误差

在钻探过程中，由于旋转钻进等动力作用以及岩芯取样等方面的影响，会造成部分岩芯人为破裂，此类人为破坏对于软质岩体更甚，极易造成获取的 RQD 偏低。

单独使用 RQD 进行工程岩体分类会存在一定的误差与局限性。在实际工程中，常常把 RQD 作为工程岩体分类方法的参数之一，与岩体的其他参数综合考虑，而不仅仅依赖 RQD。

4.1.3 RSR 分级法

RSR(Rock Structure Rating)分级法是 Wickham[8] 于 1972 年提出的岩体质量分类方法，是第一个包含多指标的半定量分级方法，也是一种相对比较全面的岩体分级方法。

岩体质量的等级由 RSR 的定量指标来划分

$$\mathrm{RSR}=A+B+C \tag{4-2}$$

式中：A 为地质指标；B 为结构指标；C 为反映地下水和节理条件的指标。

A 地质指标，与岩石类型、破碎程度、地质结构有关，取值见表 4-3。

B 结构指标，与节理间距、节理产状、地下硐室走向有关，取值见表 4-4。

C 反映地下水和节理条件的指标，与节理条件、渗水量等因素有关，取值见表 4-5。

表 4-3　岩体地质指标参数 *A* 值

岩石类型	块体	破碎程度或地质构造		
		轻微破碎或褶皱	中等破碎或褶皱	强烈破碎或褶皱
岩浆岩	30	26	15	10
沉积岩	24	20	12	8
变质岩	27	22	14	9

表 4-4　岩体结构指标参数 *B* 值

平均节理间距/m	走向与洞轴线垂直						走向与洞轴线平行	
	顺沿倾向		逆向倾向		两者兼有			
	2*	3*	2*	3*	1*	1*	2*	3*
<0.5(节理发育)	14	17	20	16	18	14	15	12
0.5~1.0(节理适中)	24	26	30	20	24	24	24	20
1.0~2.0(块体适中)	32	34	38	27	30	32	30	25
2.0~4.0(大块体)	40	42	44	36	39	40	37	30
>4.0(整体)	45	48	50	42	45	45	42	36

注：1*，2*，3* 表示主要节理倾角依次为≤20°，20°~50°，50°~90°。

表 4-5　考虑地下水和节理条件的参数 *C* 值

预测水利/$(m^2 \cdot h^{-1})$	参数($A+B$)之和					
	20~45			46~80		
	1*	2*	3*	1*	2*	3*
无	18	15	10	20	18	14
轻微(0.89)	17	12	7	19	15	10
中等(0.89~4.46)	12	9	6	18	12	8
大量>4.46	8	6	5	14	10	6

注：1* 代表节理条件为节理闭合或黏结状态；2* 代表节理条件为轻微风化；3* 代表节理条件为强烈风化或开裂。

4.1.4 RMR 分级法

RMR(Rock Mass Rating)分级法是美国学者 Bieniawski[9] 于 1973 年创立的岩体分类体系，也称地质力学分类，是一种以定性为主、定量相结合的分级体系。RMR 分级法是从南非采矿工程实践中发展起来的，并在 1989 年由 Bieniawski[10] 进行了改进，改进后的 RMR 分级方法现已被应用于地下采矿、边坡、地基等众多岩体工程领域。此后，众多学者通过模糊数学、神经网络等数学手段也对 RMR 法进行了改进，并且衍生了许多适应不同工程领域的岩体质量分级 RMR 法，如边坡、地下巷道等岩体工程。

RMR 分级法强调的是结构面发育对岩体质量的影响，相关指标比重占比达到 40%，并且考虑的其他因素也比较全面。RMR 分级方法主要考虑了完整岩石强度、节理间距、不连续面特征、地下水状况、岩石质量指标 RQD 等 5 项因素。对每一项指标的取值，RMR 分级方法都给出了详细的确定方法。这 5 项因素为 RMR 分级法的基本评估因素，经过权重相加后，其总评分为 100 分，并等距分为 5 个等级。另外还有一些辅助性指标，用以修正岩体 RMR 值。

RMR 分级法的岩体级别被分为 5 级，划分标准如表 4-6 所示。确定岩体质量级别时，通过对各项指标分值进行加和(各指标取值标准见表 4-7)，并对照表 4-6 确定所处级别。

表 4-6　RMR 指标确定的岩体级别

RMR 指标	级别	描述	自稳时间		黏聚力/kPa	摩擦角/(°)
			跨度/m	时间		
100~80	Ⅰ	很好	15.0	20 年	>400	>45
80~61	Ⅱ	好	10.0	1 年	300~400	35~45
60~41	Ⅲ	一般	5.0	1 周	200~300	25~35
40~21	Ⅳ	差	2.5	10 小时	100~200	15~25
<21	Ⅴ	很差	1.0	半小时	<100	<15

表 4-7　RMR 分类法取值标准

<table>
<tr><th colspan="3">分类参数</th><th colspan="7">数值范围</th></tr>
<tr><td rowspan="3">1</td><td rowspan="2">完整岩石强度/MPa</td><td>点加载强度指标</td><td>>10</td><td>4~10</td><td>2~4</td><td>1~2</td><td colspan="3">对强度较低的岩石宜用单轴抗压强度</td></tr>
<tr><td>单轴抗压强度</td><td>>250</td><td>100~250</td><td>50~100</td><td>25~50</td><td>5~25</td><td>1~5</td><td><1</td></tr>
<tr><td colspan="2">评分值</td><td>15</td><td>12</td><td>7</td><td>4</td><td>2</td><td>1</td><td>0</td></tr>
<tr><td rowspan="2">2</td><td colspan="2">岩芯质量指标 RQD</td><td>90%~100%</td><td>75%~90%</td><td>50%~75%</td><td>25%~50%</td><td colspan="3"><25%</td></tr>
<tr><td colspan="2">评分值</td><td>20</td><td>17</td><td>13</td><td>8</td><td colspan="3">3</td></tr>
<tr><td rowspan="2">3</td><td colspan="2">节理间距/m</td><td>>2</td><td>0.6~2</td><td>0.2~0.6</td><td>0.06~0.2</td><td colspan="3"><0.06</td></tr>
<tr><td colspan="2">评分值</td><td>20</td><td>15</td><td>10</td><td>8</td><td colspan="3">5</td></tr>
<tr><td rowspan="2">4</td><td colspan="2">节理条件</td><td>节理面很粗糙，节理不连续，宽度为零，节理面没有风化</td><td>节理面稍粗糙，张开度<1 mm，节理面轻微风化</td><td>节理面稍粗糙，张开度<1 mm，节理面风化严重</td><td>节理面光滑含厚度<5 mm 的软弱夹层，张开度 1~5 mm，节理连续</td><td colspan="3">含厚度>5 mm 的软弱夹层或张开度>5 mm，节理连续</td></tr>
<tr><td colspan="2">评分值</td><td>30</td><td>25</td><td>20</td><td>10</td><td colspan="3">0</td></tr>
<tr><td rowspan="2">5</td><td colspan="2">地下水</td><td>完全干燥</td><td>不完全干燥</td><td>潮湿</td><td>滴水</td><td colspan="3">流水</td></tr>
<tr><td colspan="2">评分值</td><td>15</td><td>10</td><td>7</td><td>4</td><td colspan="3">0</td></tr>
</table>

4.1.5 *Q* 系统分级法

1974 年挪威岩土工程研究所 Barton 等[11]提出了隧洞支护所需的岩体工程地质分类法(即 *Q* 系统分级法)，用 *Q* 系统对隧洞围岩进行分类，确定围岩质量级别。

Q 指标值计算式为

$$Q=\frac{\mathrm{RQD}}{J_n}\frac{J_r}{J_a}\frac{J_w}{\mathrm{SRF}} \tag{4-3}$$

式中：RQD 为岩石质量指标；J_n 为节理组数；J_r 为节理粗糙系数；J_a 为节理蚀变系数；J_w 为节理水折减系数；SRF 为应力折减系数。

节理组数 J_n 主要包括构造节理、原生节理和不规则节理等，取值标准见表 4-8。

节理粗糙度 J_r 主要受节理发育的连通性、延展性、规则程度、张开程度及结构面形态等因素影响，具体确定节理粗糙度时，重点考虑对工程稳定性影响最不利的软弱节理组，取值标准见表 4-9。

节理蚀变系数 J_a 视节理面的蚀变程度确定，取值标准见表 4-10。

节理水折减系数 J_w 主要考虑裂隙水压力的大小、结构面上的出水程度、水对节理面上物质软化及对充填物质的冲蚀作用等因素，取值标准见表 4-11。

应力折减系数 SRF 根据围岩性质、结构特征、节理性质、地下水及隧洞埋深等因素估算，取值标准见表 4-12。

表 4-8 节理组数 J_n 取值标准

节理发育情况	J_n 值
整体的、没有或很少有节理	0.5~1.0
1 组节理	2.0
1~2 组节理	3.0
2 组节理	4.0
2 组节理和不规则节理	6.0
3 组节理	9.0
3 组节理和不规则节理	12
4 组以上节理，具有大量节理，岩石被多组节理切割	15
破碎岩石，似土砂岩石	20

表 4–9　节理面粗糙度 J_r 取值标准

节理面粗糙度情况		J_r 值
节理面直接接触	不连续的节理	4.0
剪切位移 10 cm 时，接触面情况。节理的平均间距大于 3.0 m 时，J_r 值加 1.0。	粗糙或不规则的起伏节理	3.0
	平滑起伏状的节理	2.0
	光滑起伏状的节理	1.5
	平坦但粗糙或不规则节理	1.5
	平滑而平直的节理	1.0
	光滑且平直的节理	0.5
节理两壁不直接接触	节理面间充填有不能使节理面直接接触的连续厚的黏土矿物	1.0
	节理面间充填不能使节理面直接接触厚的砂、砾石或挤压破碎带	1.0

表 4–10　节理蚀变系数 J_a 取值标准

节理蚀变程度		J_a 值
节理面直接接触	坚硬的、半软弱的、经过处理而紧密且具有不透水充填物的节理	0.75
	节理面未产生蚀变，仅少数表面有污染	1.0
	轻微蚀变有节理面，表面为半软弱矿物所覆盖，具有砂质微粒、风化岩土等	2.0
	节理为粉质黏土或砂质黏土覆盖，少量黏土或半软弱岩覆盖	3.0
	有软弱的或低摩擦角的黏土矿物覆盖在节理表面，或含有少量膨胀性黏土的节理面	4.0
当剪切变形 <10 cm 时，节理面直接接触	砂质微粒，岩石风化物充填	4.0
	紧密固结的半软弱黏土矿物充填(连续的或厚度小于 5 mm)	6.0
	中等或轻微固结的软弱黏土矿物充填(连续的或厚度小于 5 mm)	8.0
	膨胀性黏土充填，如连续的厚度小于 5 mm 的蒙脱土充填	8.0~12.0
剪切后节理面不再直接接触	风化带或挤压破碎带岩石和黏土	6.0~12.0
	粉质或砂纸黏土及少量黏土	5.0
	厚的连续分布的黏土或夹层	10.0~20.0

表 4-11　节理水折减系数 J_w 取值标准

裂隙水情况	J_w	近似水压力/MPa
开挖时干燥或有少量渗水，即有局部渗水，渗水量小于 5 L/min	1.00	<0.10
中等渗水或充填物偶然受水压力冲击	0.66	0.10~0.25
大量渗水，或为高压水，节理未充填	0.50	0.25~1.00
大量渗水或高水压，节理充填物被大量带走	0.33	0.25~1.00
异常大的渗水或具有很高的水压，但水压随时间衰减	0.10~0.20	>1.00
异常大的渗水或具有很高或持续的无显著衰减的水压	0.05~0.10	>1.00

表 4-12　应力折减系数 SRF 取值标准

<table>
<tr><th colspan="4">地应力情况</th><th>SRF</th></tr>
<tr><td rowspan="7">当隧洞与软弱层交叉，开挖后可能引起岩体的松弛</td><td colspan="3">含有黏土或化学风化岩石的软弱带多次出现，周围岩石非常疏松(处于任何深度部位)</td><td>10.0</td></tr>
<tr><td colspan="3">含有黏土或化学风化岩的单一的软弱带，开挖深度≤50 m</td><td>5.0</td></tr>
<tr><td colspan="3">含有黏土或化学风化岩的单一的软弱带，开挖深度>50 m</td><td>2.5</td></tr>
<tr><td colspan="3">在坚硬岩石中多次出现剪切带，周围岩石疏松</td><td>7.5</td></tr>
<tr><td colspan="3">坚硬岩石中，具有单一剪切带(中夹少量黏土)，开挖深度≤50 m</td><td>5.0</td></tr>
<tr><td colspan="3">坚硬岩石中，具有单一剪切带(中夹少量黏土)，开挖深度>50 m</td><td>2.5</td></tr>
<tr><td colspan="3">松弛的张节理，多组节理是角砾状(处于任何深度部位)</td><td>3.0</td></tr>
<tr><td rowspan="6">坚硬岩石、存在初始应力问题</td><td></td><td>R_c/σ_1</td><td>R_t/σ_1</td><td></td></tr>
<tr><td>低应力、靠近地表</td><td>>200</td><td>>13</td><td>5.0</td></tr>
<tr><td>中等应力</td><td>10~200</td><td>0.66~13</td><td>1.0</td></tr>
<tr><td>中等应力、结构致密(对稳定时间有利，但对岩壁可能不利)</td><td>5~10</td><td>0.33~0.66</td><td>0.5~2.0</td></tr>
<tr><td>弱岩爆</td><td>3.0~5.0</td><td>0.16~0.33</td><td>5~10</td></tr>
<tr><td>强烈岩爆</td><td>2.0~3.0</td><td><0.16</td><td>50~200</td></tr>
<tr><td rowspan="2">在高应力下有挤出和塑性流动状态的软岩</td><td colspan="3">轻微挤出</td><td>5~10</td></tr>
<tr><td colspan="3">强烈挤出</td><td>10~20</td></tr>
<tr><td rowspan="2">膨胀性岩石</td><td colspan="3">吸水膨胀的岩石</td><td>5~10</td></tr>
<tr><td colspan="3">吸水强烈膨胀的岩石</td><td>10~15</td></tr>
</table>

Q 系统分级法中，岩石质量指标 RQD 与节理组数 J_n 的比值主要用以表征岩体的完整性；节理粗糙系数 J_r 与节理蚀变系数 J_a 的比值主要用以描述裂隙面的充填特征及风化蚀变程度；节理水折减系数 J_w 与应力折减系数 SRF 的比值主要表示水、应力对岩体质量的折减程度。Q 系统分级法依据岩体 Q 值，将岩体质量划分为异常差、极差、很差、差、一般、好、很好、极好和异常好等 9 个级别，如表 4-13 所示。

表 4-13　工程岩体 Q 分级标准

分级名称	异常差	极差	很差	差	一般	好	很好	极好	异常好
Q 值	<0.01	0.01~0.1	0.1~1	1~4	4~10	10~40	40~100	100~400	>400

在 Q 系统分级法的计算参数中，考虑的地质因素较全面，且把定性分析和定量评价相结合。但确定岩体质量方程式的两个参数 J_w 和 SRF 主要受外界条件控制，并非受岩体内在因素控制，在同一区域岩体分类中可以不考虑。此外，Q 系统分级法没有考虑节理方位的影响。因此，在实际工程应用时，Q 系统分级法只作为一个参考。

4.1.6　岩体结构类型分级法

1979 年，中国科学院地质研究所谷德振[12]根据岩体结构类型提出了岩体类别分级方法(简称为岩体结构类型分级法)。该分级法重点考虑各类岩体结构的地质成因及工程地质特性对岩体特性的影响，将岩体结构主要分为整体块状结构、层状结构、碎裂结构和散体结构 4 个级别，前 3 个级别又被次分为 2~3 亚级，分级标准如表 4-14 所示。

表 4-14　中国科学院地质研究所岩体分级标准

<table>
<tr><th colspan="4">岩体结构类型</th><th colspan="2">岩体完整性</th><th colspan="3">主要结构面及其抗剪特性</th><th rowspan="3">岩块湿抗压强度/10 Pa</th></tr>
<tr><th colspan="2">主类</th><th colspan="2">亚类</th><th rowspan="2">结构面间距/cm</th><th rowspan="2">完整性系数 K_V</th><th rowspan="2">级别</th><th rowspan="2">类型</th><th rowspan="2">主要结构面摩擦因数 f</th></tr>
<tr><th>代号</th><th>名称</th><th>代号</th><th>名称</th></tr>
<tr><td rowspan="2">Ⅰ</td><td rowspan="2">整体块状结构</td><td>$Ⅰ_1$</td><td>整体</td><td>>100</td><td>>75</td><td>主要存在Ⅳ和Ⅴ级结构面，不存在或偶见Ⅱ和Ⅲ级结构面</td><td>刚性结构面</td><td>>0.60</td><td>>600</td></tr>
<tr><td>$Ⅰ_2$</td><td>块状</td><td>50~100</td><td>0.35~1.75</td><td>发育Ⅳ和Ⅴ级结构面</td><td>刚性结构面，局部为碎裂结构面</td><td>0.4~0.6</td><td>>300，一般大于600</td></tr>
</table>

续表4-14

岩体结构类型				岩体完整性		主要结构面及其抗剪特性			岩块湿抗压强度/10 Pa
主类		亚类		结构面间距/cm	完整性系数 K_V	级别	类型	主要结构面摩擦因数 f	
代号	名称	代号	名称						
Ⅱ	层状结构	$Ⅱ_1$	层状	30~50	0.3~0.6	Ⅲ级结构面更为发育，Ⅳ级结构面较多，存在Ⅱ级结构面	刚性结构面、柔性结构面	0.3~0.5	>300
		$Ⅱ_2$	薄层状	<30	<0.40	主要发育Ⅲ级结构面，与层面斜交或垂直的Ⅳ和Ⅴ级结构面同样发育	柔软结构面	0.3~0.4	100~300
Ⅲ	碎裂结构	$Ⅲ_1$	镶嵌	<50	<0.36	极其发育Ⅳ和Ⅴ级结构面	刚性结构面破损结构面	0.4~0.6	>600
		$Ⅲ_2$	层状碎裂	<50（骨架岩大）	<0.40	大多为Ⅱ和Ⅲ级结构面，存在Ⅳ级结构面	泥化结构面	0.2~0.4	<300
		$Ⅲ_3$	碎裂	<50	<0.30		破碎结构面	0.16~0.4	<300
Ⅳ	散体结构				<0.20		节理密集无序，泥包块或夹泥		无实际意义

按岩体结构类型的岩体分级方法，对于重大的岩体工程质量评价具有较好的适用性，颇受国内外重视。

4.1.7 GSI 分级法

1994 年 Hoek[13]提出了 GSI(Geological Strength Index)分级法，随后 Sonmez 和 Ulusay[14]引入岩体结构指标 SR 和结构面条件指标 SCR 两个指标，对 GSI 分级法进行了修正。GSI 分级法是唯一一种可直接与莫尔-库仑破坏准则、霍克-布朗破坏准则相联系，且可通过估算获取莫尔-库仑破坏准则强度参数、霍克-布朗准则强度参数和变形模量等一套岩体力学参数的岩体质量评价系统。GSI 分级法被应用于岩体工程的各个阶段，现有工程中常使用修正后的 GSI 分级法。

使用 GSI 分级法时，为确定岩体结构指标 SR，将岩体划分为 B、VB、BD 和 D 等 4 类。B 类岩体镶嵌良好，未扰动，含 3 组正交裂隙；VB 类岩体为镶嵌结构，部分扰动，含 4 组或 4 组以上裂隙；BD 类岩体含褶皱或断层，被多组裂隙切割；D 类为岩体碎裂松散岩体。依据岩体结构类别或体积节理数 J_V，通过查询相关表可获得具体的岩体结构指标 SR 值。结构面条件指标 SCR 由粗糙系数 R_r、风化系数 R_w、充填系数 R_f 等 3 方面因素综合确定，具体确定公式为 $SCR=R_r+R_w+R_f$，其中 R_r、R_w、R_f 值均通过查表获得。最后通过 SR 和 SCR 两项指标综合确定岩体的 GSI 指标值，具体取值标准如图 4-1 所示。

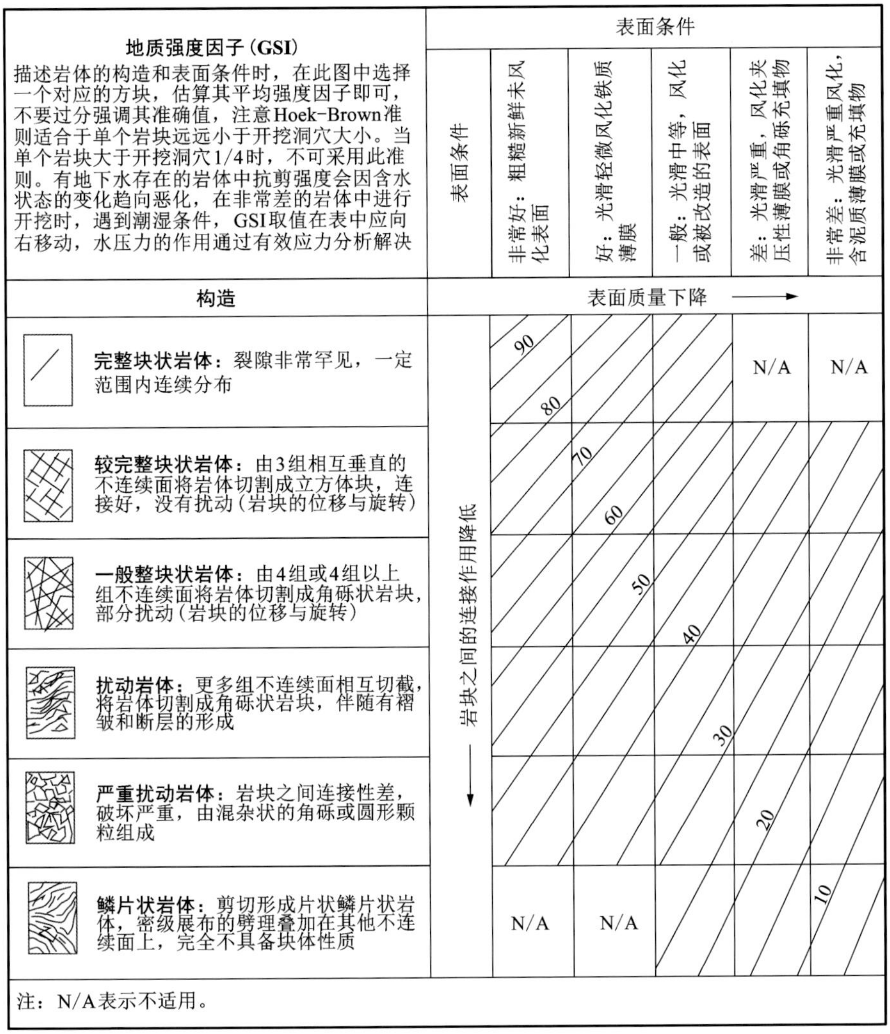

图 4-1　GSI 分类系统取值标准

GSI 指标与其他岩体质量分级法也存在一定的关系，对于较高质量岩体(GSI >25)，GSI 与 RMR89 存在以下经验关系

$$GSI = RMR89 - 5 \tag{4-4}$$

式中：RMR89 是根据 1989 年修订版地下水条件系数取 15、结构面修正系数取 0 时的 RMR 指标值。

4.1.8 RMI 岩体分级法

RMI(Rock Mass Index)分级法是 1996 年由挪威学者 Palmstrom[15] 在 CSIR 分类法和 NGI 分类法的基础上，通过对大量现场岩体试验的分析和反分析而提出的一种新的岩体分类方法。该分级方法已在岩体强度预测、地下硐室支护和数值计算等多个方面得到初步验证和应用。RMI 分类指标以结构面参数为变量，通过对岩石单轴抗压强度的折减，来反映岩体的强度特性，其表达式为

$$RMI = \sigma_c \cdot J_p \tag{4-5}$$

式中：σ_c 为岩块单轴抗压强度，MPa，由直径为 50 mm 的岩石试件在实验室测得；J_p 为结构面参数，反映被结构面切割而成的块体体积、结构面摩擦特性和规模对岩块强度的弱化效应，其值变化在 0~1 之间，对完整岩体取 1，破碎岩体取 0。

RMI 指标不仅能够较真实反映岩块强度对岩体质量的影响，而且能更好体现结构面条件及其规模对岩体强度的影响。该分类方法集合了 RMR 和 NGI 分类法的优点，可用于完整岩块到破碎岩体的任何岩体工程分类。RMI 分类方法虽在 CSIR 法和 NGI 法的基础上进行了一些改进，但也存在一定缺点，如存在不能较好反映地下水对结构面条件和岩体强度的影响，未考虑岩体所处的应力环境等缺陷。但整体而言，RMI 分级法可作为对工程岩体质量粗略估计和大致评价的一种简便方法，且在岩体强度预测、硐室围岩支护及岩石爆破工程等方面的应用具有一定优势。

4.1.9 BQ 系统分级法

为减少各部门、各行业间由于标准不统一所导致的工作重复、资源浪费等问题，水利部、建设部等多部门联合编制了《工程岩体分级标准》(GB 50218—1994)[16]，作为国内适用于各类工程岩体分级的统一方法和纲领性文件。

BQ 是岩体的基本质量指标，是由岩石的坚硬程度和岩体完整程度所决定的，是岩体所固有的属性。岩体基本质量好，则稳定性也好；反之，稳定性差。按照国家《工程岩体分级标准》的方法，工程岩体分级分两步进行。首先，从定性判别与定量测试两个方面分别确定岩石的坚硬程度和岩体的完整性，并计算出岩体基本质量指标 BQ；然后，结合工程特点，考虑地下水、初始应力场以及软弱结构面

走向与工程轴线关系等因素，对岩体基本质量指标 BQ 加以修正，以修正后的岩体基本质量指标 BQ 作为划分工程岩体级别的依据。

岩体基本质量指标 BQ 的计算式为：

$$BQ = 90 + 3R_{cw} + 250K_V \tag{4-6}$$

式中：R_{cw} 为岩块饱和单轴抗压强度，MPa；K_V 为岩块的完整性系数，无量纲。

当 $R_{cw} > 90K_V + 30$ 时，以 $R_{cw} = 90K_V + 30$ 代入上式计算 BQ 值；当 $K_V > 0.04R_{cw} + 0.4$ 时，以 $K_V = 0.04R_{cw} + 0.4$ 代入上式计算 BQ 值。

地下工程修正值[BQ]的计算式为：

$$[BQ] = BQ - 100(K_1 + K_2 + K_3) \tag{4-7}$$

式中：K_1 为地下水影响修正系数；K_2 为主要软弱结构面产状影响修正系数；K_3 为天然应力影响修正系数。

依据《工程岩体分级标准》所提出的分级体系和方法，众多部门或对本行业的岩体分级体系进行修订，或在国标基础上结合自身行业工程特点加以细化，提出适用于其行业的分级体系。

但《工程岩体分级标准》颁布实施至今，也暴露出了一些问题。例如，如何确定工程岩体质量指标 BQ，该标准未完全明确，致使其在实际工程应用时常常存在局限性，很多时候需借助国内外其他分级法加以修订或验证[17]。

4.2　不同分级法的比较

迄今为止，国内外岩体分级方法已有数十种。各种分级法有不同针对性，其划分手段也多种多样。

按分级目的的不同，岩体分级方法可分为地质分级和工程分级两类。地质分级以地质成因、矿物成分、结构构造和风化程度为分级指标，一般用地质名称加风化程度来命名；工程分级主要基于岩体的工程性状，结合岩体稳定性或岩体质量评价，建立明确的工程特性概念，如 RQD 分级、RMR 分级、Q 分级等。一般情况下，工程分级应在地质分级的基础上进行。

按照分级方法的适用范围，可分为通用分级方法和专用分级方法两类。所谓通用分级方法就是适用于各类岩体工程的统一分级方法；专用分级方法则只适用于某类特定的岩体工程。

按照不同行业各自的岩体工程特点和要求，可分为水利水电工程围岩分级法、公路隧道围岩分级法、铁路围岩分级法、矿山巷道围岩分级法、军工坑道围岩分级法、喷锚规范围岩分级法等。

按照工程类型不同，有硐室分级法、大坝分级法、岩石地基分级法、边坡分级法、隧道分级法等。

按照分级判据的不同，可分为单因素分级系统和多因素分级系统。如 RQD 分级法为单因素，而 RMR 分级法、Q 系统分级法等为多因素分级系统。

按照分级表达方式不同，可分为定性分级、定量分级、定性定量相结合分级等 3 类分级方法，如 Terzaghi 分级为定性分级，Q 分级为定量分级，《工程岩体分级标准》（GB 50218—1994）提供的方法为定性定量相结合的分级方法。

按照所采用的分析手段不同，可分为概率统计法、模糊综合评价法、多层次综合评价法、灰色聚类分析法等。

不同行业、类型的岩体分级方法较多，且在不同发展时期不断变化[18]。但其分级的一般思路是：首先，确定岩体工程分类需考虑的最基本因素；其次，分析如何将影响因素的表征参数反映在岩体分类上；最后，对岩体质量进行综合评价。各类岩体质量分级方法所考虑的影响因素及对应的表征参数如表 4-15 所示。

通过对比各类分级方法可知，目前各类岩体质量评价方法主要有以下特点：

①岩体质量评价由单因素定性分级向多因素定性和多因素定量综合模式发展。单一定性分级的方式具有较大的主观性，且缺乏统一分级标准；影响岩体质量的因素常具有不确定性、复杂性和模糊性等特征，用少数几个固定的评价指标和简单的数学表达式难以准确全面地概括所有情况。此外，岩体质量的完全定量化分级只具有数学意义。因此，只有以定量分析为基础，结合定性分析才能充分有效地综合评价岩体质量发育特征。

②各类工程岩体评价方法因应用和分析的侧重点不同，相应地采用了不同的评价指标和分级标准。实际上，岩体质量评价目的在于定量反映工程岩体结构的复杂性，为工程岩体稳定性评价以及工程岩体的综合利用提供依据。但影响岩体稳定性及其结构复杂性的因素可概括为地质因素和工程因素，其中地质因素又是主导因素，这为各种评价方法的换算提供了理论基础，使各种评价方法的评价因素有逐渐接近的趋势。

③现有的各类岩体质量评价方法均从不同角度选择若干个固定的质量评价因素，按一定标准进行简单线性运算后，得到岩体质量的综合评分值，并据此对岩体质量进行分类。这些岩体质量分级方法虽然简单方便，但无法反映复杂多变的岩体地质情况，只能反映岩体质量在某一方面的特征。此外，由于影响岩体质量的因素常具有多层次性、模糊性、不确定性等复杂特点，且对于不同地质背景和具体工程的影响因素及权值都不是固定的，既有共同性又有特殊性。因此，工程岩体质量评价应当采用静态和动态等多种评价方法，从多方面进行岩体质量的综合评价[82]。

④随着岩体质量分级的不断完善，岩体质量评价与岩体稳定性分析的有机结合是岩体质量评价发展的必然趋势。

表 4-15　国内外典型岩体质量评价分级所考虑的主要因素[18]

分级名称	结构面			地质因素							力学因素						工程因素			表达式	级数
	组数	间距	状态	RQD	岩体结构	完整性	风化程度	地应力	地下水	地质构造	岩石强度	结构面抗剪强度	岩体变形模量	岩石变形模量	岩体弹性波速	岩石波速	结构面方位	施工方法	自稳时间		
BQ	√	√	√			√		√				√						√	√	函数和	五
RMR		√	√	√		√			√		√						√			和差法	五
RSR		√	√						√	√	√						√			加和法	五
Terzaghi				√							√									定性描述	七
GSI	√	√	√																	加和法	四
RMI	√	√	√									√								乘积法	五
Q	√	√	√	√				√	√		√					√				积商法	九
Lauffer																			√	定性描述	七
RQD				√																RQD 法	四
谷德振					√	√					√	√			√	√	√	√	√	乘积法	五

由各岩体质量评价方法的特点可知，为既能全面考虑各类因素对岩体质量的影响，又使分级形式简单、使用便捷，岩体质量分级方法在朝以下方面发展：

①采用多因素综合指标的岩体分级方法，在分级中充分考虑各种因素的影响和相互关系，重视岩体的不连续性，把岩石质量、赋存于岩体的结构面参数等因素作为影响岩体质量的主要因素和指标。

②岩体质量分级方法的分级体系和手段，向定性和定量相结合的方向发展。

③利用简易的岩体力学试验测试岩体特性，初步判别岩体类别及基本性质，以减少费用昂贵的大型试验，使岩体分级简单易行。

④重视新理论、新方法在岩体分级中的应用。随着电子计算等先进手段的飞速发展，一些新理论、新方法相继应用于岩体分级中，出现了一些新的分级方法。

⑤强调建立岩体工程分级与岩体力学参数估算间的定量关系，有效指导工程岩体处理方案、施工方案的制定与选择。

4.3 基于块体化程度指标的 RMR_{mbi} 法

4.3.1 RMR 法的缺陷

RMR 法制定初期主要为南非矿山设计服务，在经历了两次重大修改之后，形成了现今常用的版本——RMR89。RMR89 主要包括 5 个参数：岩石单轴抗压强度、岩石质量指标 RQD、结构面间距、结构面条件与地下水条件。时至今日，RMR 法仍然受到各国学者以及工程人员的广泛认可与运用，甚至有研究者们[19]在执行“火星模拟任务”时，利用 RMR 法完成了岩体质量评价的仿真试验。RMR 法广泛运用的原因包括：经历了大量的工程实例验证之后，RMR 法已经发展成为相对实用的岩体质量分级体系；RMR 具有操作简单、易行与评价结果准确等优点。值得注意的是，RMR 的最终目的不仅仅局限于岩体质量分级，其还经常作为一种经验估算方法用于大尺度岩体特性参数(如岩体强度)估算[20]、岩体工程结构参数(如锚杆支护设计参数)取值[21]。此外，许多特定的岩体稳定性分级方法也是基于 RMR 法的思想原理发展而来的，如 Slope Mass Rating[22] 和 Mine Rock Mass Rating[23]。

自 RMR 法提出后，不乏研究者们指出 RMR 法的一些固有缺陷，其中，最广为研究者们诟病的是 RMR 法中的基本输入参数——RQD。RQD 起初由 Deere 提出并用来表征岩石质量。但是，工程人员似乎更愿意用 RQD 来表征岩体完整程度和岩体块度，而且在很多岩体质量分级方法中也囊括了 RQD 这一指标来评价岩体完整程度，如 Q 分级方法以及 GSI 的量化版本[24]。RQD 这一概念自提出以来，便受到各国工程人员所推崇，但同样也有不少研究者们指出了其缺陷。例如，Palmstrom[25]利用假想案例来说明 RQD 具有“方向偏差”这一特性，并认为由于 RQD 只考虑大于 10 cm 的岩芯段，在很多种情况下 RQD 并不能准确地反映岩体的完整程度。近年来，Lowson 等[26]建议停止在 RMR 法中使用 RQD，并对 RMR 法进行了更新(本章中称之为 RMR13)；RMR13 以结构面频率代替了 RQD 和结构面间距，但结构面频率同样是一维指标；Pells 等[27]列举了一些 RQD 的误用情况与固有缺陷，且认为 RQD 充满错误与个人经验偏差，甚至认为 RQD 不再需要作为输入参数合并到岩体分级系统里面。

4.3.2 RMR_{mbi} 分级方法的提出

岩体完整性测量的不准确可能导致最终岩体质量评价的失误。RMR 中的 RQD 与 JF 有几个理论缺陷：RQD 和裂隙频率 JF 都是各向异性的；RQD 没有充分考虑块体效应；忽略裂隙延展性；RQD 和 JF 的联合使用重复计算了岩体完整程度。虽然有研究[28]认为这些理论缺陷并不影响 RMR 的实用性，但考虑到这些理论缺陷是客观存在的，对 RMR 中的岩体结构评价子系统进行改进也是有必要的。

针对上述对于 RMR 的“批评”，运用 MB_i 代替 RMR 中的 RQD 和 JF（其他输入参数无变化），提出一种新 RMR 分级方法，称之为 RMR_{mbi}。

在 RMR 系统中运用 MB_i 评价岩体完整程度有几个优势：MB_i 是三维块度测量指标，无各向异性特征；MB_i 计算了所有尺寸的块体；能够考虑裂隙延展性；不会重复计算岩体完整程度。

因此，利用 MB_i 代替 RQD 与 JF，则 RMR_{mbi} 的 MB_i 评分标准（R_M）的计算式为

$$R_M = 40 - 0.4 \times MB_i \tag{4-8}$$

因为 MB_i 值越大，岩体完整程度越低，造成岩体质量越差，R_M 与 MB_i 成反比例关系。另外，其他参数的评分标准，如完整岩石单轴抗压强度、裂隙条件和地下水条件[29]，与传统 RMR 版本保持一致。

4.3.3　RMR_{mbi} 法评价标准

从表 4-7 可以看出，RMR 法中的每个输入参数的评分值呈阶梯状，这可能导致实际运用 RMR 法时出现这样一种情况：岩石单轴抗压强度为 250 MPa，评分值为 12，岩石单轴抗压强度为 101 MPa 时，评分值仍然为 12。这种评分方式显然不甚科学、合理。事实上，Bieniawski[30]曾解释过，表 4-7 的各参数评分值只是对应参数值区间的平均值，不能一概而论，但这样的评分方式的确容易造成困扰。

利用连续函数对各输入参数值评分是比较科学合理的方法，传统 RMR 法的连续函数评分形式[29]为

$$R_{RQD} = 0.2 \times RQD \tag{4-9}$$

$$R_{JF} = -3.767 \times \ln(JF) + 16.482 \tag{4-10}$$

$$R_{UCS} = 0.075UCS \tag{4-11}$$

式中：R_{RQD} 为 RQD 参数评分值；R_{JF} 为 JF 参数评分值；R_{UCS} 为 UCS 参数（完整岩石单轴抗压强度）评分值。

另外，对于节理条件与地下水条件的评分，可利用图 4-2 与图 4-3 完成[29]。

既然 RMR_{mbi} 与传统 RMR 法的不同之处仅在于岩体完整性评价方式的不同，因此，RMR_{mbi} 总分的计算可依靠式（4-8）、式（4-11）、图 4-2、图 4-3 计算。结合表 4-6，可评价岩体的最终 RMR_{mbi} 等级。

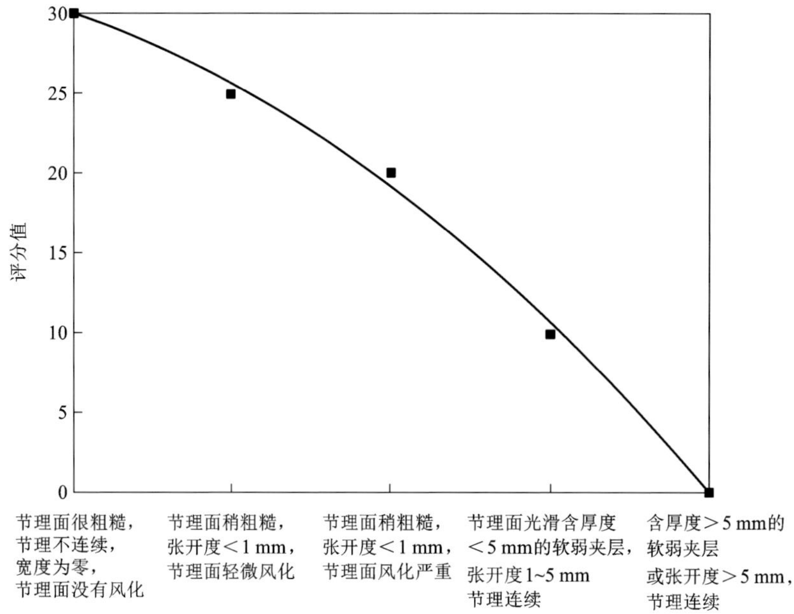

图 4-2　节理条件评分

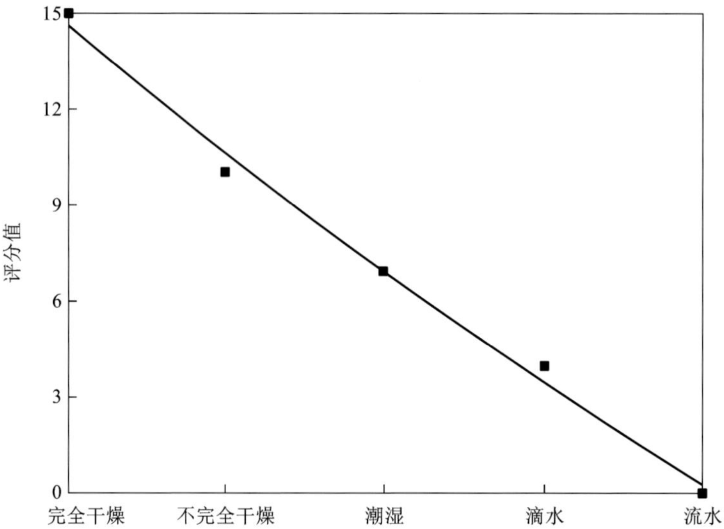

图 4-3　地下水条件评分

4.4　块体化程度指标替代 RQD 和 JF 的科学判断

RMR 法与 RMR_{mbi} 法差异之处在于评价岩体完整性时的输入参数不同，因此仅从评价岩体完整程度方面进行两种方法的比较。基于第二章模拟试验所测得的 MB_i、RQD 与 JF（见图 2-22、图 2-23 和图 2-25），利用 R_M 和 R_{RQD+JF} 进行岩体完整程度评分。基于模拟试验得到的 R_M 和 R_{RQD+JF} 如图 4-4 所示。

由图 4-4 可知，R_M 与 R_{RQD+JF} 主要分布于[30，40]区间。两种评分值的累积频率曲线如图 4-5 所示。在[8，40]区间内，R_M 和 R_{RQD+JF} 曲线连续性较好，也较为接近，说明两种评分系统都能够很好地区分该区间对应的岩体完整程度。

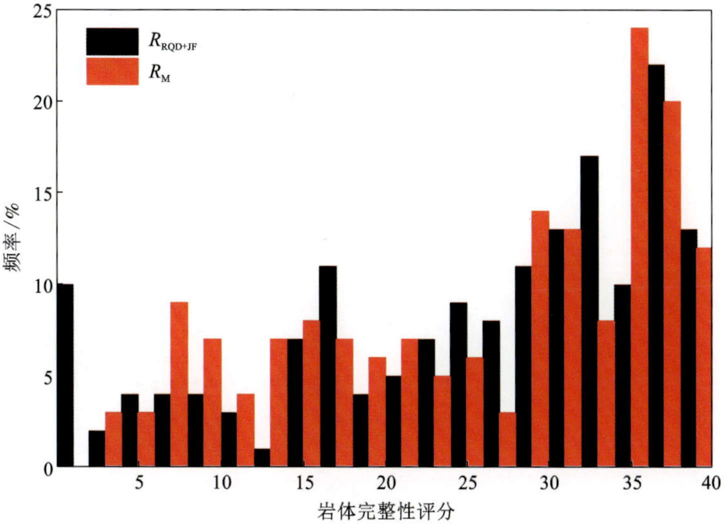

图 4-4　MB_i 评分、RQD+JF 联合评分统计直方图（基于模拟试验数据）

由图 4-5 可知，在[0，8]区间内，R_{RQD+JF} 表现得不是很好，因为对应的累积频率曲线没有从坐标原点出发；而在[0，8]区间内，R_M 累积频率曲线能够从坐标原点出发，说明 R_M 对于较为破碎的岩体敏感性更好，能够较好地区分这类岩体。

进行 MB_i 评分与 RQD+JF 联合评分比较（基于 1∶1 线），如图 4-6 所示。

由图 4-6 可知，虽然 MB_i 可视为 RQD 的延伸，但 R_M 和 R_{RQD+JF} 产生了不同的评价效果。例如，当 R_{RQD+JF} 接近于 0 时，R_M 的变动范围为[0，15]；当 R_{RQD+JF} 接

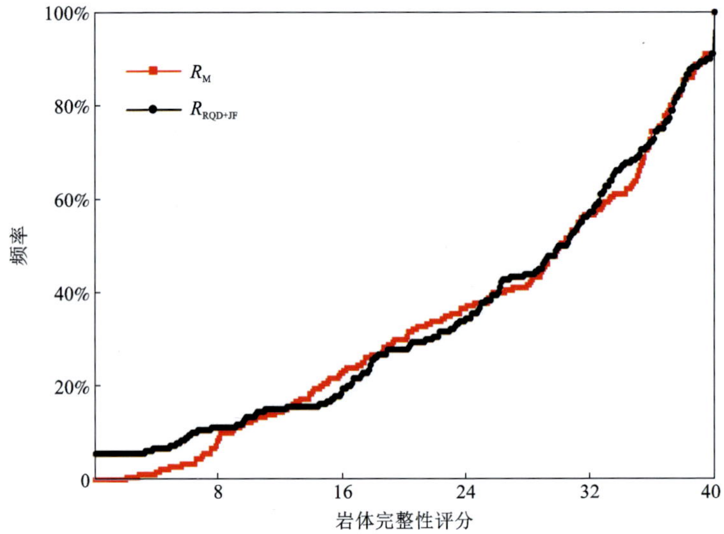

图 4-5　MB$_i$ 评分、RQD+JF 联合比较(基于累积频率曲线)

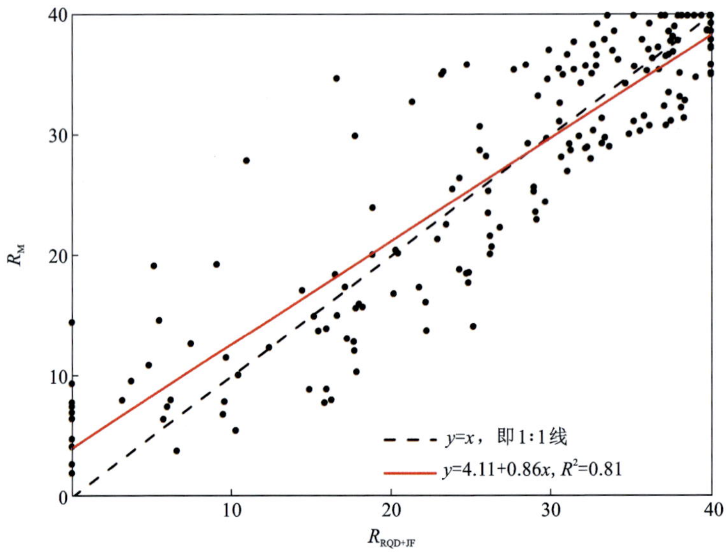

图 4-6　MB$_i$ 评分、RQD+JF 联合评分比较(基于 1：1 线)

近于 40 时，R_M 的变动范围为[35，40]。这是可以预料到的，因为 MB_i 考虑了裂隙延展性与块体尺寸效应。但 R_M 和 R_{RQD+JF} 的总体趋势是一致的，因为散点最好的拟合曲线接近于 1∶1 线，且决定系数很高，这充分表明了 RMR_{mbi} 的可行性。

另外需要注意的是，模拟试验所测取的 RQD 与 JF 摆脱了方向主观性，即能够比较准确地表示岩体破碎程度，但实地(通过钻孔或者测线)测取这两个指标时，难以保证它们的取值不受方向影响，这也是提出 RMR_{mbi} 的原因之一。RMR_{mbi} 不受这个问题困扰，也考虑了裂隙延展性，这是其独特优势所在。

4.5　应用案例

为验证 RMR_{mbi} 法的合理性与适用性，选取铜坑矿 92 号矿体作为研究对象。

铜坑矿 92 号矿体为特大型缓倾斜厚矿体，产于硅质岩和灰岩中。矿体矿石矿物成分比较复杂，矿物种类繁多，金属矿物以锡石、黄铁矿、铁闪锌矿、磁黄铁矿、毒砂为主，还有少量的黄铜矿、方铅矿、脆硫锑铅矿、黄锡矿等，脉石矿物以石英为主，其次为方解石、绢云母、长石、电气石、磷灰石等，层状矿石及条带矿石矿物成分相对简单，脉状矿石成分相对复杂。矿体崩落法回采过程中，裂隙岩体受到原生结构、地应力、爆破等因素影响，经常出现冒顶、片帮和突然整体垮塌的现象，甚至采用加固措施后出现二次灾害现象。

选择 4 个试验区开展相关研究，其中 1 号试验区位于+494 m 水平 T214 采场 14 号出矿川，以 14 号出矿川与回风联道交叉点为中心，沿回采方向截取 20 m 范围；2 号试验区位于+434 m 水平 T201 盘区，回采方向截取 20 m 范围作为工业试验区；3 号试验区位于+405 m 水平 2 号盘区，以 3 号凿岩道与通风联道相交处为中心，4 个分支方向上均取 10 m 范围，整体上约 20 m×20 m 的范围；4 号试验区位于+355 m 水平拉底硐室，沿切割井形成切割槽方向 10 m 范围。试验区位置及对应的岩体条件如图 4-7 所示。另外，进行了裂隙调查和钻孔取芯(见图 4-8)，裂隙产状数据如图 4-9 所示。

基于收集的裂隙数据，分别建立了 4 个试验区的巷道裂隙岩体模型，如图 4-10 所示。4 个试验区 RMR 与 RMR_{mbi} 所有的输入参数都被测取，包括一些工程相关因素(见表 4-16)。其中，4 个试验区的岩体 MB_i 值可通过在图 4-10 的巷道岩体模型基础上提取 REV 尺寸下的子岩体模型进行块体体积计算而得，如图 4-11 所示。

由表 4-16 可知，除了一号试验区之外，其余试验区的 RMR_{mbi} 与 RMR 的评级都有差别。为了比较 RMR_{mbi} 与 RMR 的准确性，介绍了 4 个试验区的现场情况(见表 4-17)。RMR 的各等级对应围岩自稳时间展示在表 4-18 内。通过比较试验区现场情况与给出的自稳时间表，可以发现 RMR_{mbi} 可能是比较准确的。对于

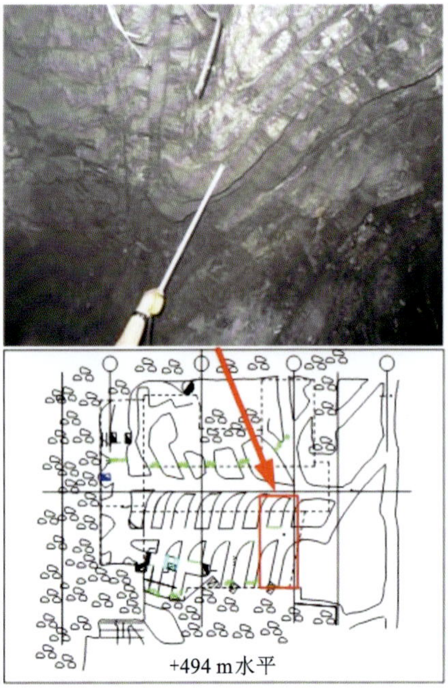

(a) 1#试验区

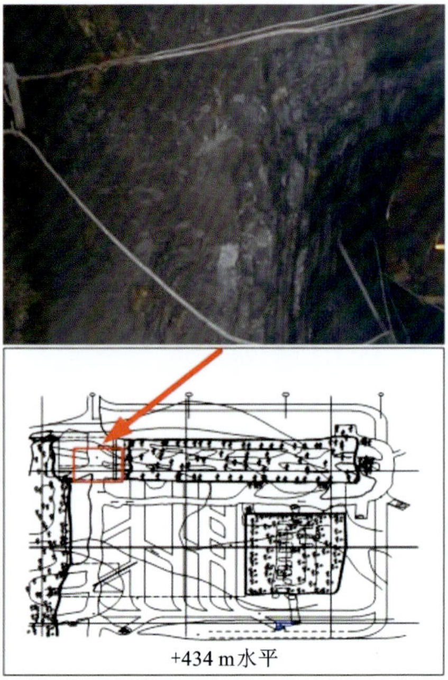

(b) 2#试验区

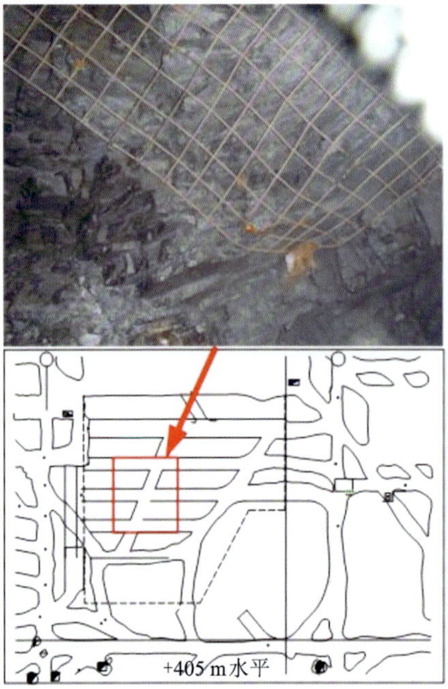

(c) 3#试验区

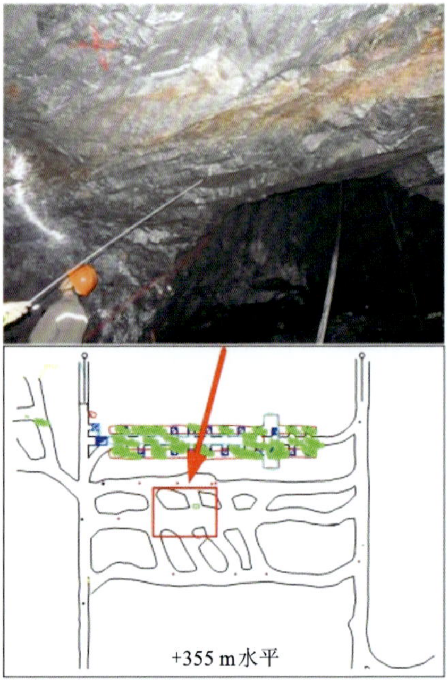

(d) 4#试验区

图 4-7　试验区位置及其岩体条件

3#试验区，RMR 的评级为Ⅳ，认为围岩可自稳 10 小时左右，但是实际情况是，当巷道成形之后，立即发生了大面积垮塌(见表 4-17)，工程人员立即执行了锚杆锚网配合高厚度的喷浆混凝土支护，显然，RMR_{mbi} 评级(Ⅴ)较为准确。总的来说，根据现场实际情况，可以看出对于 1#试验区，RMR_{mbi} 与 RMR 的评级都较为合理；而对于 2#和 3#试验区，RMR 的评级是高估的，实际上岩体条件更差，而 RMR_{mbi} 的评级较为符合围岩自稳时间；对于 4#试验区，RMR 的评级稍显保守，而 RMR_{mbi} 的评级比较符合现场的岩体条件。

从表 4-16 还可以发现，除了 1#试验区之外，其余 3 个试验区的 R_{RQD+JF} 和 R_M 都存在较大差异。Palmstrom[25] 认为，当应用于一个块状岩体，一维的岩体完整性测量指标(如 RQD)会因测线或者钻孔的方向不同而获得不同的测量值，如图 4-12 所示。Zheng 等[31] 也给出了案例证明对于层状的岩体，RQD 同样具有方向敏感性。所以，这 3 个试验区的 R_{RQD+JF} 和 R_M 都存在较大差异是不可避免的。以三维方式确定岩体完整性则能避免这个缺陷，这也是 RMR_{mbi} 相比于传统 RMR 的优势所在。

(a) 裂隙调查

(b) 钻孔取芯

图 4-8　现场地质调查

那么，$x(z)$与$x(z+h)$在矿体Ω中的协方差为：

$$\sigma[x(z)+x(z+h)]\sigma(h)=E\{E[x(z)]E[x(z+h)]-E[x(z)]x(z+h)-E[x(z+h)]x(z)+x(z)x(z+h)\} \tag{5-5}$$

式中：$\sigma(h)$为区域化变量X在Ω中的协变异函数。令σ_1^2和σ_2^2分别表示$X(z)$与$X(z+h)$在Ω中的方差，则$\rho(h)$为区域化变量x在Ω中的相关系数函数。

(3)试验变异函数

变异函数对任一给定矿床Ω是未知的，需要通过取样值对之进行估计。设从矿床Ω中获得一组样品，相距h的样品对数为$n(h)$，则半变异函数$\gamma(h)$的估计式为

$$\gamma(h)=\frac{1}{2n(h)}\sum_{i=1}^{n(h)}[x(z_i)-x(z_i+h)]^2 \tag{5-6}$$

式中：$x(z_i)$是在z_i处的样品值；$x(z_i+h)$是在与z_i相距h处的样品值。

由式(5-6)计算的半变异函数称为试验半变异函数。在三维空间中计算试验半变异函数值就要考虑其空间性，需要将样品进行组合处理，形成等长度的组合样品。在试验半变异函数的实际计算中，首先要对所有样品进行矢量运算，找出落于方向与间距最大偏差范围内的样品对，然后对这些样品对应用公式进行计算。

(4)变异函数的期望模型

试验半变异函数由一组离散点组成，在实际应用时很不方便。因此常常将试验半变异函数拟合为一个可以用数学解析式表达的数学模型。常见的半变异函数的数学模型有以下几种。

①球状模型。试验半变异函数在大多数情况下可以拟合成球状模型。因此，球状模型是应用最广的一种半变异函数模型，其数学表达式为

$$\gamma(h)=\begin{cases}C\left(\dfrac{3h}{2a}-\dfrac{h^3}{2a^3}\right), & h\leqslant a\\ C, & h>a\end{cases} \tag{5-7}$$

式中：C称为槛值或基台值，一般情况下可认为$C=\sigma^2$(σ^2为样品的方差)，C也成为变程。

图5-1为球状模型图示。

从图5-1可知，$\gamma(h)$随h的增加而增加，当h达到变程时，$\gamma(h)$达到槛值C；之后$\gamma(h)$便保持常值C。这种特征的物理意义是：当样品之间的距离小于变程时，样品是相互关联的，关联程度随间距的增加而减小，或者说，变异程

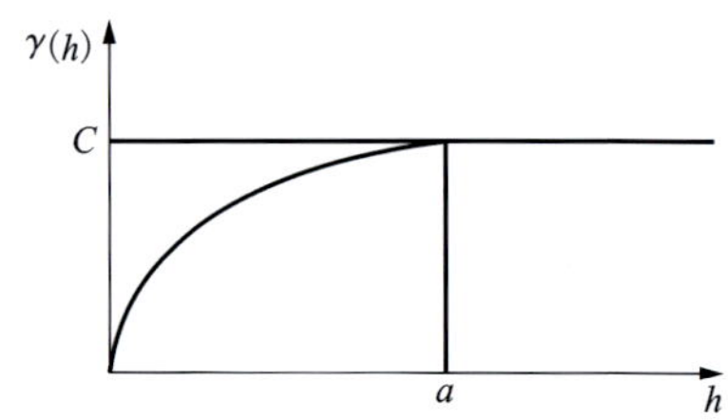

图5-1　球状模型图示

度随间距的增加而增大；当间距达到一定值时，样品之间的关联性消失，变为完全随机，这时 $\gamma(h)$ 即为样品的方差。因此，变程实际上代表样品的影响范围。

②随机模型。当区域化变量 x 的取值是完全随机的，即样品之间的协方差 $\sigma(h)$ 对于所有 h 都等于 0 时，半变异函数为一常量，即

$$\gamma(h)=C \tag{5-8}$$

这一模型称为随机模型，其图示为一水平直线，如图 5-2 所示。

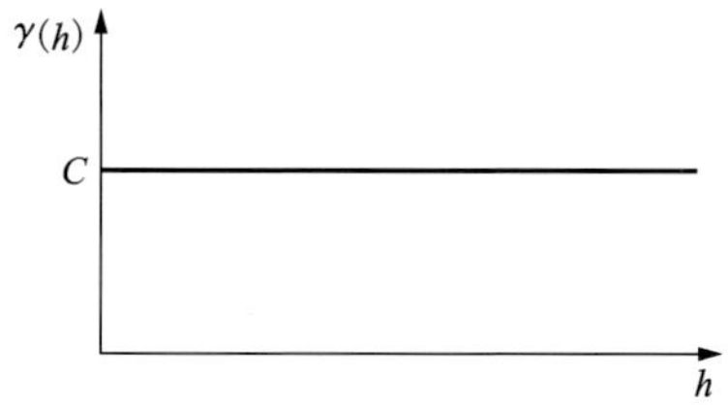

图 5-2　随机模型图示

③指数模型。指数模型的数学表达式为

$$\gamma(h)=C(1-e^{-h/a}) \tag{5-9}$$

指数模型的特征与球状模型相似，变异速率较小。

④高斯模型。高斯模型的数学表达式为

$$\gamma(h)=C(1-e^{-h^2/a^2}) \tag{5-10}$$

高斯模型在原点的切线为水平线。

⑤线性模型。线性模型的数学表达式为一线性方程，即

$$\gamma(h)=(P^2/2)\times h \tag{5-11}$$

式中：P^2 为一常量，且 $P^2=E\{[x(z_i+1)-x(x_i)]^2\}$。

线性模型没有基台值，$\gamma(h)$ 随 h 无限增加。

(5) 各向异性

当区域化变量在不同方向呈现不同特征时，半变异函数在不同方向也具有不同的特性。可称这种现象为各向异性，常见的各向异性有两种。

①几何各向异性。几何各向异性的特点是半变异函数的槛值（槛值的意义是指样品的相关联程度，即槛值等于样品的方差）不变，变程随方向变化。如果求出任一平面内所有方向上的半变异函数，半变异函数在平面上的等值线是一组椭圆，如图 5-3 所示。椭圆的短轴和长轴称为主方向。对应于槛值的等值线上的每一点 r 到原点的距离是在 $o \to r$ 方向上半变异函数的变程。所以，对应于槛值的等值线椭圆称为各向异性椭圆，它是影响范围的一种表达。若平面为水平面，各向异性椭圆的长轴方向一般与矿体的走向重合（或非常接近）。因此即使矿体的产状是未知的，通过各向异性分析也可以确定矿体的走向。在三维空间，各向异性椭圆变为椭球体。

②区域各向异性。区域各向异性的特点是半变异函数的槛值与变程均随方向变化，如图 5-4 所示。

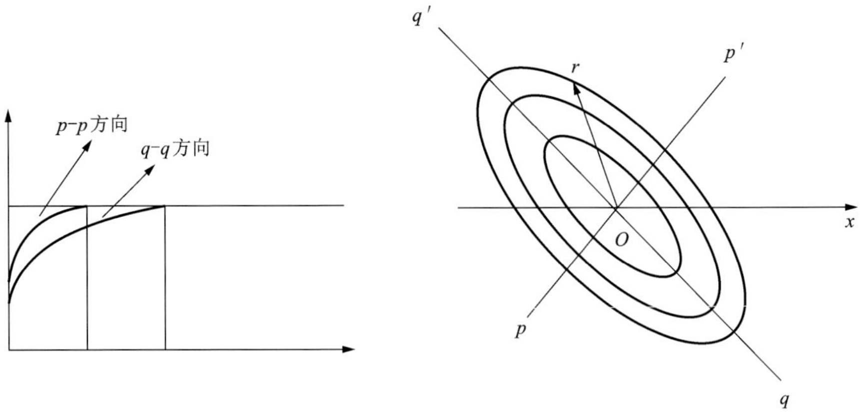

图 5-3　几何各向异性示意

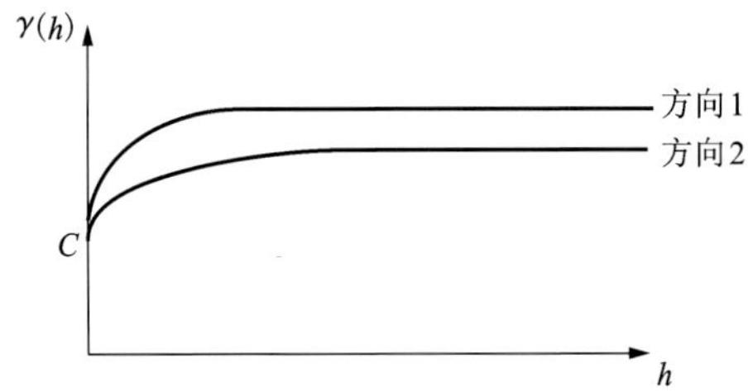

图 5-4　区域各向异性示意

(6)克里格算法

应用地质统计学进行参数估值的方法被命名为克里格法(Kriging)。克里格估值是在一定条件下具有无偏性和最佳性的线性估值，即任一待估块段品位真值的估计量 z 是该待估块段 v 影响范围内 n 个有效观测值 $z_\alpha(\alpha=1, 2, \cdots, n)$的线性组合，其计算式为

$$z = \sum_{\alpha=1}^{n} \lambda_\alpha z_\alpha \tag{5-12}$$

式中：n 为信息点的个数；λ_α 通过克里格方程组得到。

设从区域 Ω 中取样 n 个，样品 w_i 的值为χ_i $(i=1, 2, 3, \cdots, n)$；Ω 中的一个单元体 V 的未知真值为 μ_v，如图 5-5 所示。那么，以这 n 个样品对 μ_v 的克里格估值为

$$\hat{\mu}_v = \sum_{i=1}^{n} b_i \chi_i \tag{5-13}$$

式中：b_i 为常数。

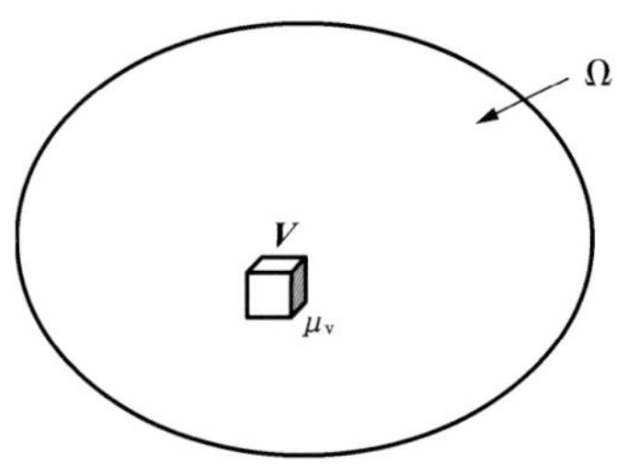

图 5-5　区域 Ω

估算样品的克里格方程组为：

$$
\begin{cases}
b_1\overline{\gamma}(w_1, w_1)+b_2\overline{\gamma}(w_1, w_2)+\cdots+b_n\overline{\gamma}(w_1, w_n)+\lambda=\overline{\gamma}(w_1, V)\\
b_1\overline{\gamma}(w_2, w_1)+b_2\overline{\gamma}(w_2, w_2)+\cdots+b_n\overline{\gamma}(w_2, w_n)+\lambda=\overline{\gamma}(w_2, V)\\
\vdots\\
b_1\overline{\gamma}(w_n, w_1)+b_2\overline{\gamma}(w_n, w_2)+\cdots+b_n\overline{\gamma}(w_n, w_n)+\lambda=\overline{\gamma}(w_n, V)\\
b_1+b_2+\cdots+b_n+0=1
\end{cases}
\tag{5-14}
$$

式(5-14)是由 $n+1$ 个方程组组成的线性方程组，称为克里格方程组。解此方程组便可求出 $n+1$ 个未知数(b_1, b_2, …, b_n, λ)及任意位置样品 i 的品位值 $\gamma(z_0, z_i)$。

对各均质单元块体模型赋值后，此时所有以模型质心点为中心的 1 m×1 m×1 m 单元范围内均具有其特定的岩体质量参数。依据 RMR_{mbi} 岩体质量评价标准，统计落入各评分值所处的评分区间，并按质量属性值给各均质单元体着色。构建岩体质量块体模型流程图如图 5-6 所示。

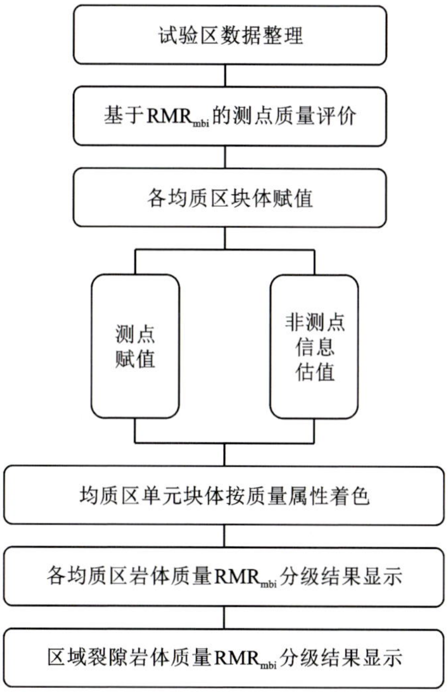

图 5-6　岩体质量三维可视化模型构建流程

5.3 各均质区岩体质量 RMR_{mbi} 法分级结果

各均质区岩体质量分级结果可通过可视化模型进行直观地表达。在传统的岩体质量分级中，往往是对整个块体模型进行观察研究分析。但仅仅这样是不够的，其只能对块体表面形成一个宏观的观感，裂隙岩体内部质量分布仍无法较准确获知，只能依赖于工程经验进行推断与估计。虽然凭经验进行科学地推理与估测是解决问题的一种途径，但是依旧会与岩体内部的真实形态存在偏差，这种偏差会影响施工决策，造成施工的物力财力人力的损失与浪费。因此，本章在 RMR_{mbi} 质量分级的基础上，首先依据均质区分显结果对每个均质区进行质量评价。各均质区岩体质量分级结果三维可视化模型如表 5-1 所示。

由表 5-1 可知，各均质区的岩体质量都至少跨越了两个质量级别。其中黄色区域分布最为广泛，即各均质区的岩石质量级别主要是Ⅱ级。同时还有部分均质区内有一些红色和蓝色的块体，岩石质量级别的多样性验证了区域裂隙岩体的复杂性。

(1) a 均质区岩体质量主要以Ⅱ级为主，但大部分Ⅲ级岩石都集中在此均质区内，同时还含有极少量的Ⅰ级岩石。a 均质区块体化程度区间为 0.2747‰~1.4986‰，说明岩石完整性高，连续性好，但部分岩体质量较差。

(2) b 均质区岩体质量主要以Ⅱ级为主，同时夹带了少量Ⅲ级岩石与极少Ⅰ级岩石，b 均质区块体化程度区间为 1.4987‰~2.8447‰，该均质区内岩石质量差异不大，岩石连续性好。

(3) c 均质区岩体质量主要以Ⅱ级为主，少量Ⅰ级岩石呈不连续状态分布，c 均质区块体化程度区间为 2.8448‰~4.7531‰，综合以上可知该均质区岩石质量存在一定的波动性，跳跃性；岩石连续性较差，但质量总体来说处于中间水平。

(4) d 均质区岩体质量主要以Ⅱ级为主，两处Ⅰ级岩石集中分布在均质区右半部分区域，同时左半区域的角落位置也存在极少的Ⅲ级岩石，岩石质量级别跨度多样化，均质区块体化程度区间为 4.7532‰~6.8421‰，岩石较为破碎。

(5) e 均质区岩体质量主要以Ⅱ级为主，小部分块状Ⅰ级岩石集中在右半部分区域，均质区块体化程度区间为 6.8422‰~9.6486‰，岩石完整性不强，存在较多节理。

(6) f 均质区岩体质量主要以Ⅱ级为主，小部分片状Ⅰ级岩石集中在右半部分区域，f 均质区块体化程度区间为 9.6487‰~19.1390‰，岩石破碎，但该均质区依然有部分质量评分较高的区域。

对比分析这 6 个均质区可知，块体化程度值与岩体质量有着一定相关性，却对岩体的质量没有绝对的影响。蓝色区域，即质量最差的块体集中分布在块体化程度值最小的均质区内，而在块体化程度值最大的均质区内也存在质量评分最高的块体。

表 5-1　各均质区块体比较分析

编号	赋值的各均质区分显数字模型图	赋值的各均质区岩体质量体积统计直方图	赋值的各均质区描述
a	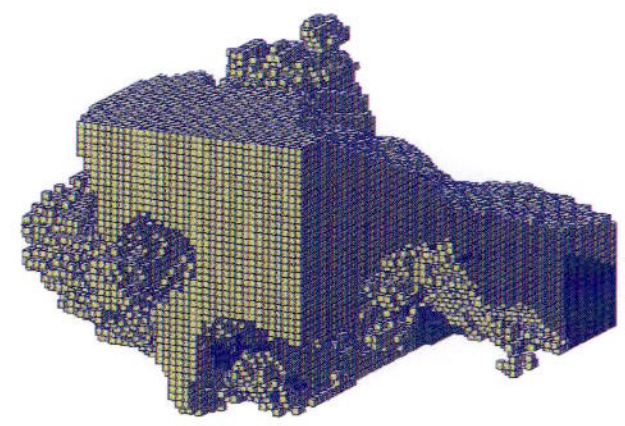	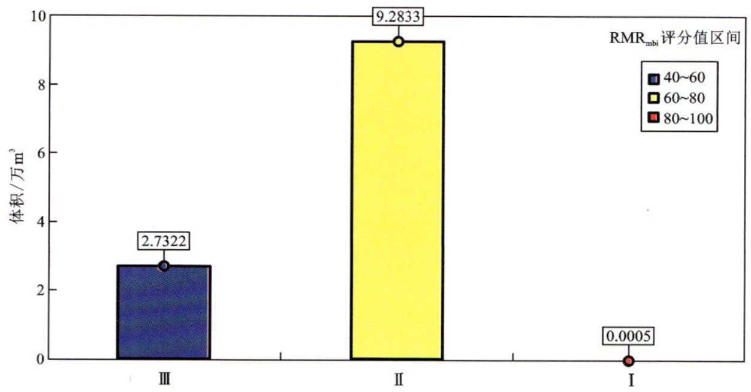	均质区内岩体质量跨越了 3 个级别，其中Ⅱ级岩体所占比重最大，Ⅲ级岩体居于其次，同时，Ⅰ级岩体含量极少，基本不存在
b	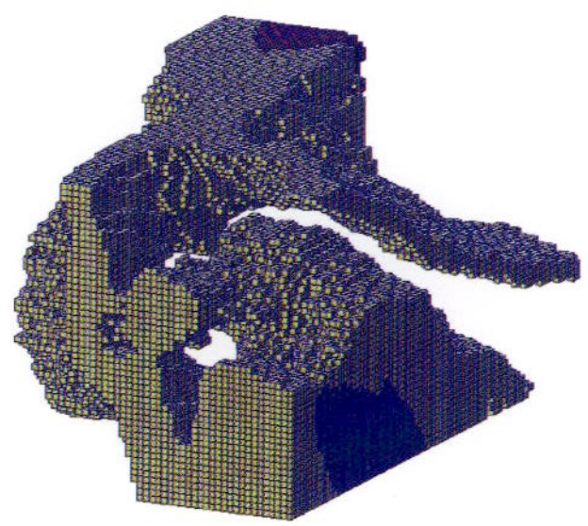	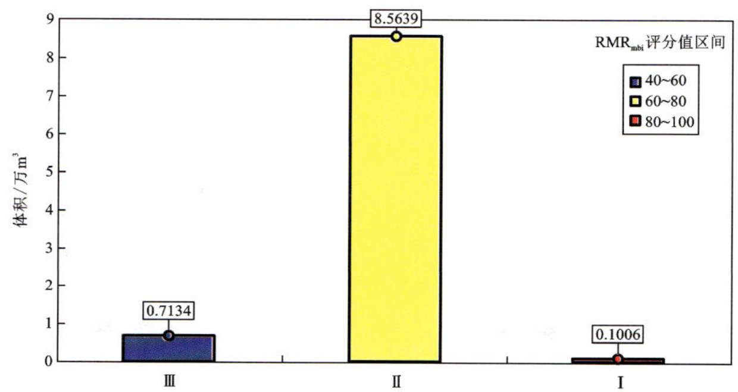	均质区内岩体跨越了 3 个质量级别，其中Ⅱ级岩体所占比重最大，Ⅲ级岩体相对于 a 均质区含量已明显下降，同时只存在有极少一部分Ⅰ级岩体

续表5-1

编号	赋值的各均质区分显数字模型图	赋值的各均质区岩体质量体积统计直方图	赋值的各均质区描述
c	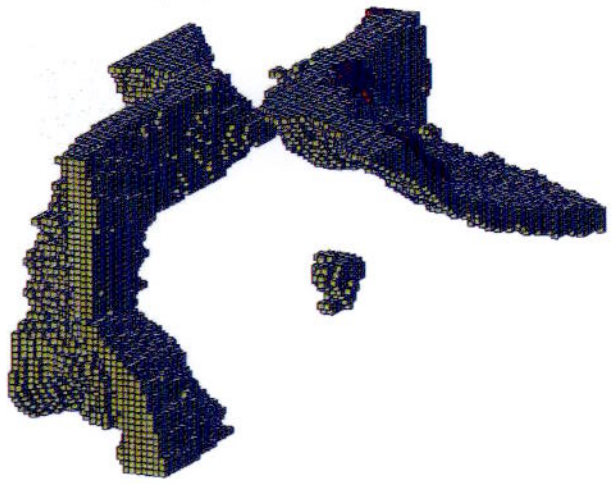	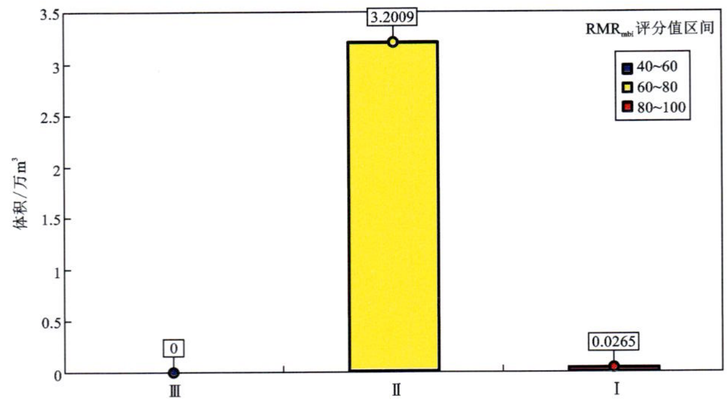	均质区内岩体跨越了两个质量级别，其中Ⅱ级岩体所占比重最大，同时存在极少一部分Ⅰ级岩体，Ⅲ级岩体不存在
d	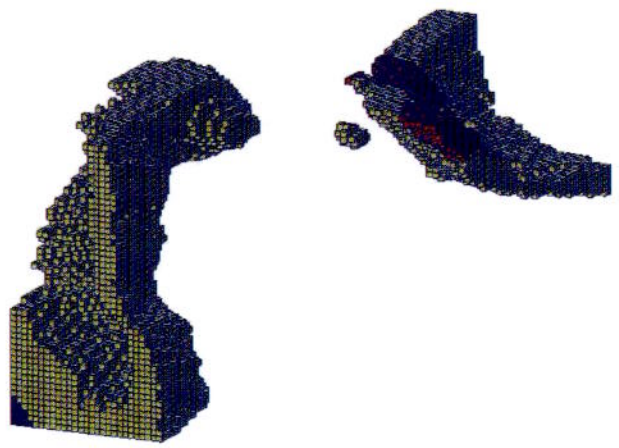	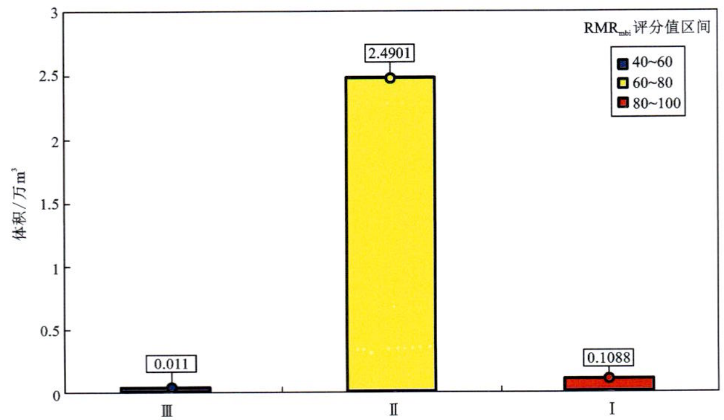	均质区内岩体跨越了 3 个质量级别，其中Ⅱ级岩体是该均质区岩体的主要组成部分，存在极少一部分Ⅰ级岩体和Ⅲ级岩体，含量几乎接近零

续表5-1

编号	赋值的各均质区分显数字模型图	赋值的各均质区岩体质量体积统计直方图	赋值的各均质区描述
e	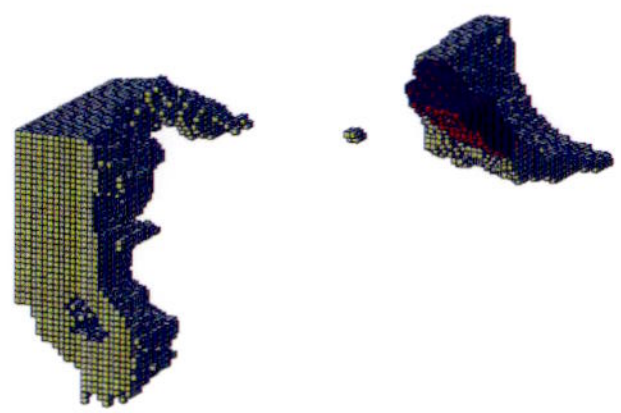	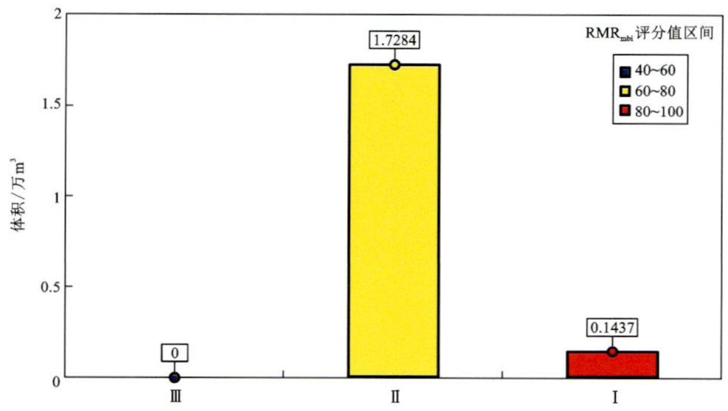	均质区内岩体跨越了两个质量级别，其中Ⅱ级岩体是该均质区岩体的主要组成部分，同时存在较少Ⅰ级岩体，但Ⅲ级岩体不存在
f		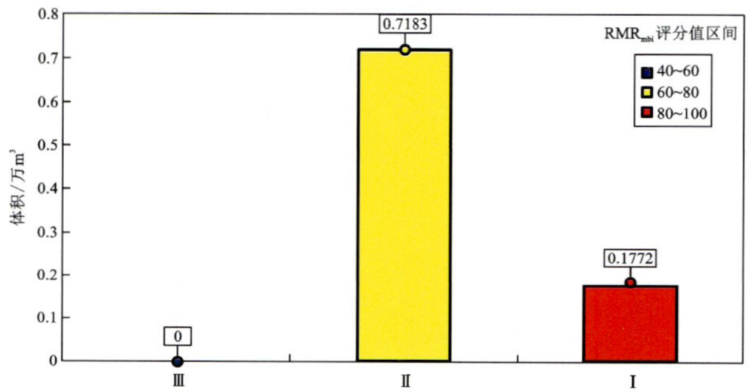	均质区内岩体跨越了两个质量级别，其中Ⅱ级岩体是该均质区岩体的核心组成部分，同时存在较少部分Ⅰ级岩体。Ⅲ级岩体不存在

通过对 3#矿块试验区域裂隙岩体与各均质区岩体质量 RMR_{mbi} 分级结果三维可视化模型的研究，发现将所要研究的对象单独进行观察与探讨是在岩体质量评级中的亮点。虽然它具有局部性和片面性，但是其对于充分了解与认识整体却有着不可忽视的作用。该建模技术，把大量岩体质量信息的表达抽象成人的视觉可直接感知的图像，以便进行数据探索与分析，其对复杂岩体质量信息的表达，对人信息获取的便捷程度，对处理实际工程问题的效率有着实质性的改善。

5.4 区域裂隙岩体质量 RMR_{mbi} 法分级结果

各均质区岩体质量 RMR_{mbi} 分级结果可通过三维可视化模型形象地被表征，若要研究区域裂隙岩体整体的质量状况则可将各均质区块体模型进行组合重组。完成上述的操作后，此时区域裂隙岩体不同质量级别的块体已经被不同颜色所表征，模型着色结果如图 5-7 所示。试验区岩体主要有蓝色，黄色和红色 3 种颜色不均匀分布，其中黄色区域岩体分布最广，蓝色区域与红色区域则占据了相对较少的空间。这一现象说明试验区整体的岩石质量级别主要处于Ⅰ、Ⅱ和Ⅲ级，但Ⅱ级岩体却是试验区的核心成分。

区域裂隙岩体 RMR_{mbi} 质量分级结果模型(见图 5-7)非常直观地反映了岩体质量信息以及整个试验区岩性的变化规律，有助于从三维角度描述岩体结构，岩体质量在空间的变化特征。质量三维可视化模型可直观有效地表达工程岩体质量数据，并有助于准确地开展工程岩体质量评价研究，具有重要的技术意义和实际价值。

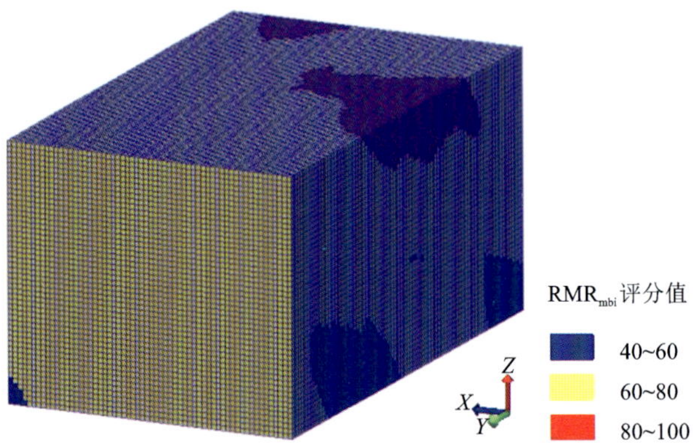

图 5-7　区域裂隙岩体 RMR_{mbi} 质量分级结果模型

统计块体模型不同颜色区域的体积，如图 5-8 所示。该体积统计直方图为正常型直方图。图中黄色区域体积值为 25.9857，蓝色区域为 3.4568，红色区域为

0.5575。这三部分体积值相差悬殊，黄色区域的块体体积远远超出蓝色与红色区域的块体体积。换言之，试验区裂隙岩体绝大部分 RMR_{mbi} 质量评分值落入[60，80]区间，[40，60]次之，[80，100]最少，说明试验区大部分岩体的完整性较好，质量较好，力学性质较高，结合程度较好。但依然有部分区域的岩体质量高于或者低于整体的平均水平。同时试验区岩体的质量变化呈现某种明显的趋势。一些评分较差的岩体分布在试验区底部位置，而评分值最高的部分则分布在试验区顶部。这种现象说明了试验区岩体的质量由上至下逐渐变差。

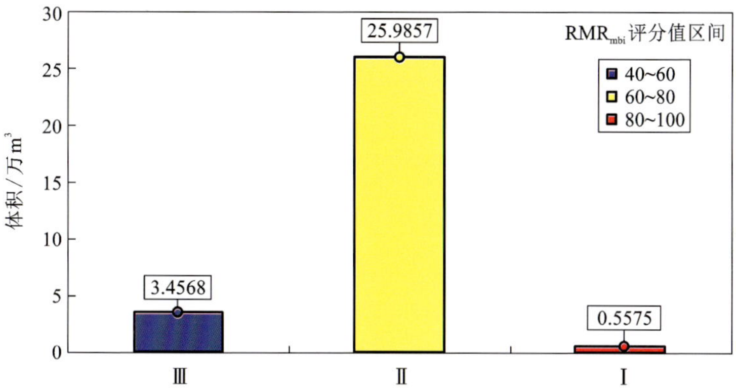

图 5-8　不同 RMR_{mbi} 岩体质量评分值区间体积统计直方图

5.5　一体化处置的技术成效

本章将提出的"裂隙岩体结构均质区三维划分与质量分级一体化"学术构想成功应用于矿山实例，说明以块体化程度 MB_i 指标为纽带形成的结构均质区三维划分和岩体质量 RMR_{mbi} 分级一体化处置技术，在实践中是可行的；得到的结构均质区划分结果和岩体质量分级结果具有确定性，且局部与整体质量分级结果统一，说明了将结构均质区三维划分和岩体质量 RMR_{mbi} 分级进行一体化处置是科学的、合理的；同时，由于所提出的"岩体结构均质区三维划分方法""岩体质量 RMR_{mbi} 分级方法"具有三维属性，也综合表明了所提出的一体化处置技术，解决了前人研究在"岩体完整性表征值较为离散""结构均质区二维划分方法难体现出岩体非均质性和各向异性维空间效应""局部与整体质量分级结果不统一"等方面的缺陷。

相比前人的研究成果，本章所提倡的裂隙岩体结构均质区三维划分与质量分级一体化处置技术更进一步贯彻落实了"先分区、后分级"的岩体质量评价思想。

参考文献

[1] SINGH B, GOEL R K. Engineering rock mass classification: tunneling, foundations and landslides[M]. Burlington, MA: Butterworth-Heinemann, 2011.

[2] 尚彦军, 陈明星, 王开洋, 等. 工程地质岩组与岩体质量分级在岩石工程中应用对比[J]. 岩石力学与工程学报, 2013, 32(增刊2): 3205-3214.

[3] 宋盛渊. 快速隆升怒江河段松塔水电站坝肩岩体结构特征及质量空间分区研究[D]. 长春: 吉林大学, 2016.

[4] SONG S Y, WANG Q, CHEN J P, et al. A multivariate method for identifying structural domain boundaries in a rock mass[J]. Bulletin of Engineering Geology and the Environment, 2015, 74(4): 1407-1418.

[5] 柳波, 陈广平. 基于3DMine的贾家堡铁矿储量估算研究[J]. 现代矿业, 2010, 26(11): 1-4.

第 6 章

结构均质区三维划分与岩体质量精细分级一体化

6.1　质量精细分级的必要性

RMR_{mbi} 法将岩体基本质量分为Ⅰ至Ⅴ级共 5 个等级。在运用 RMR_{mbi} 法分级评价过程中发现，有时质量分级可视化块体模型表现出单色范围分布较大的特点，更细微的质量差别无法具体体现，这表明区域岩体的质量区分度不够明显。由于岩体的质量属性受到诸多因素的影响，且各因素具有多样性、可变性等特点[1]，对于同一级别的岩体，其岩体强度、块体化程度及节理条件等可能表现出较大差别，且受地下水渗流量、地应力大小等其他相关因素的制约，其分级结果可能出现不确定性。比如，介于两种等级分级边缘的岩体，归入较低级别则偏于保守，而归入较高级别则又偏于不安全。因此，对于一些重要工程，有必要对岩体质量进行更为精细地分级[2]。

6.2　岩体质量三维精细分级 $SRMR_{mbi}$ 法

为客观地进行岩体质量分级，必须建立一套实用的质量精细化分级方法，更细致地体现出同一岩体质量的差异。

由图 5-7 区域裂隙岩体 RMR_{mbi} 质量分级结果模型可知，块体黄色区域分布范围广，即Ⅲ级岩体质量区分度不明显；质量评分落入 60~80 区间内的个数远远超出落入其他质量评分区间的数量，对该区间的岩体差异性不能有效区别。根据前人研究成果与质量分级实际情况[3]，Ⅱ，Ⅲ级岩体质量的跨度较大，为了保持分级的一致性，可将Ⅱ级分为三个亚级、Ⅲ级分为两个亚级、Ⅳ级分为两个亚级，其他级别保持不变，这样将岩体质量级别精细分为九级。

本章在 RMR_{mbi} 法基础上，引入综合模糊判别理论[4]，形成了一种基于块体化程度指标和综合模糊判别理论的岩体质量精细化分级方法——$SRMR_{mbi}$ 法。

6.2.1 综合模糊判别理论

根据概率论，设 A、B、C、D 4 个事件彼此独立，某个数值 x 的出现是一个随机事件，若给定每个事件的 4 个区间的总长度为 L_i，则数值 x 出现在某个区间的概率为

$$P_k(x)=1-\left|\frac{E(i)-x}{L_i}\right| \tag{6-1}$$

式中：k=A、B、C、D；i=1，2，3，4。

数学期望简称期望，就是出现概率最大的随机变量，越接近期望值，出现的概率也就越大。对于等可能性的离散型数值变量，其数学期望表达式为

$$E=\frac{1}{n}\sum_{i=1}^{n}X_i \tag{6-2}$$

而对于等可能性的线性连续型变量，其在某一段区间的期望表达式为

$$E=\frac{a+b}{2} \tag{6-3}$$

式中：a 和 b 分别为 2 个端点值。

同时，若 E、F、G 为相互独立的事件，则有

$$P_i(\mathrm{E},\mathrm{F},\mathrm{G})=P(\mathrm{E})\cdot P(\mathrm{F})\cdot P(\mathrm{G}) \tag{6-4}$$

对于随机事件，要判断其出现在哪一个区间段，就要比较其在每个区间段出现的概率，最大概率出现的区间段就是该数值所处的区间段，其数学表达式为

$$\max(P_k(x_\mathrm{A}x_\mathrm{B}x_\mathrm{C}x_\mathrm{D})\mid K=\mathrm{A、B、C、D})=P_k(x_\mathrm{A}x_\mathrm{B}x_\mathrm{C}x_\mathrm{D}) \tag{6-5}$$

若计算出 $P_c(x_\mathrm{A}x_\mathrm{B}x_\mathrm{C}x_\mathrm{D})$ 的概率最大，则说明该数值 x 属于事件 C。

6.2.2 质量级别细化后的综合模糊判定方法

将定性指标与定量指标相结合，综合制定出 $SRMR_{mbi}$ 法评价标准(见 6-1)。

已有资料显示岩体饱和抗压强度最大值为 300 MPa，节理条件是定性指标，可将其评分值转换为定量参数来参与判别。

表 6-1　$SRMR_{mbi}$ 法评价标准

岩体		单轴抗压强度 R_c/MPa	块体百分比 X/%	节理条件 K
基本级别	精细化分级			
Ⅰ	Ⅰ	>200	<7	>80
Ⅱ	$Ⅱ_1$	150~200	7~15	72~80
	$Ⅱ_2$	125~150	15~21	66~72
	$Ⅱ_3$	100~125	21~27	60~66
Ⅲ	$Ⅲ_1$	75~100	27~41	50~60
	$Ⅲ_2$	50~75	41~55	40~50
Ⅳ	$Ⅳ_1$	30~50	55~70	30~40
	$Ⅳ_2$	10~30	70~85	20~30
Ⅴ	Ⅴ	≤10	≤85	≤20

各级岩体的隶属度函数如下：

Ⅰ级岩体：$P_{Ⅰ}(R_c, X, K)=\left(1-\left|\dfrac{250-R_c}{300}\right|\right)\left(1-\left|\dfrac{5-X}{100}\right|\right)\left(1-\left|\dfrac{90-K}{100}\right|\right)$；

$Ⅱ_1$ 级岩体：$P_{Ⅱ_1}(R_c, X, K)=\left(1-\left|\dfrac{175-R_c}{300}\right|\right)\left(1-\left|\dfrac{11-X}{100}\right|\right)\left(1-\left|\dfrac{76-K}{100}\right|\right)$；

$Ⅱ_2$ 级岩体：$P_{Ⅱ_2}(R_c, X, K)=\left(1-\left|\dfrac{137.5-R_c}{300}\right|\right)\left(1-\left|\dfrac{18-X}{100}\right|\right)\left(1-\left|\dfrac{69-K}{100}\right|\right)$；

$Ⅱ_3$ 级岩体：$P_{Ⅱ_3}(R_c, X, K)=\left(1-\left|\dfrac{112.5-R_c}{300}\right|\right)\left(1-\left|\dfrac{24-X}{100}\right|\right)\left(1-\left|\dfrac{63-K}{100}\right|\right)$；

$Ⅲ_1$ 级岩体：$P_{Ⅲ_1}(R_c, X, K)=\left(1-\left|\dfrac{87.5-R_c}{300}\right|\right)\left(1-\left|\dfrac{34-X}{100}\right|\right)\left(1-\left|\dfrac{55-K}{100}\right|\right)$；

$Ⅲ_2$ 级岩体：$P_{Ⅲ_2}(R_c, X, K)=\left(1-\left|\dfrac{62.5-R_c}{300}\right|\right)\left(1-\left|\dfrac{48-X}{100}\right|\right)\left(1-\left|\dfrac{45-K}{100}\right|\right)$；

$Ⅳ_1$ 级岩体：$P_{Ⅳ_1}(R_c, X, K)=\left(1-\left|\dfrac{40-R_c}{300}\right|\right)\left(1-\left|\dfrac{62.5-X}{100}\right|\right)\left(1-\left|\dfrac{35-K}{100}\right|\right)$；

$Ⅳ_2$ 级岩体：$P_{Ⅳ_2}(R_c, X, K)=\left(1-\left|\dfrac{20-R_c}{300}\right|\right)\left(1-\left|\dfrac{77.5-X}{100}\right|\right)\left(1-\left|\dfrac{25-K}{100}\right|\right)$；

Ⅴ级岩体：$P_{Ⅴ}(R_c, X, K)=\left(1-\left|\dfrac{5-R_c}{300}\right|\right)\left(1-\left|\dfrac{92.5-X}{100}\right|\right)\left(1-\left|\dfrac{10-K}{100}\right|\right)$。

6.2.3 质量精细分级应用示例

为验证质量精细分级的实用性，选取坑锌多金属矿体 3# 矿块的 A4-5 与 B8-6 两个窗口为例进行岩体综合模糊判别，确定其所处级别。

1）窗口编号：A4-5，位于距试验区 A4 线上距首端 6.6 m 处，单轴抗压强度为 70 MPa，块体百分比为 2.5%，节理条件评分值为 95。根据表 6-1，单从 3 个分级指标，根据岩体单轴抗压强度、块体化程度以及节理条件单个划分岩体质量，分级结果应该分别为Ⅲ$_2$、Ⅰ、Ⅰ。采用综合模糊判断方法，分别计算该窗口岩体属于各级的隶属度，结果见表 6-2。

由表 6-2 可知，隶属度最大的 $P_{\text{Ⅱ}_1}(R_c, X, K)=0.56$，可初步定为Ⅱ$_1$ 级。

表 6-2　各级隶属度的赋值

岩体级别	Ⅰ	Ⅱ			Ⅲ		Ⅳ		Ⅴ
		Ⅱ$_1$	Ⅱ$_2$	Ⅱ$_3$	Ⅲ$_1$	Ⅲ$_2$	Ⅳ$_1$	Ⅳ$_2$	
$P_i(R_c, X, K)$	0.37	0.56	0.48	0.45	0.39	0.20	0.14	0.06	0.01

2）窗口编号：B8-6，位于距试验区 B8 线上距首端 30.8 m 处，单轴抗压强度为 30 MPa，块体化程度为 1.7%，节理条件评分值为 32。根据表 6-1，单从 3 个分级指标，根据岩体单轴抗压强度、块体百分比以及节理条件单个划分岩体质量，应该分别为Ⅳ$_1$、Ⅰ、Ⅳ$_1$。采用综合模糊判断方法，分别计算该窗口岩体属于各级的隶属度，结果见表 6-3。

由表 6-3 隶属度计算结果可以看出，隶属度最大的 $P_{\text{Ⅲ}_2}(R_c, X, K)=0.43$，可初步定为Ⅲ$_2$ 级。

表 6-3　各级隶属度的赋值

岩体级别	Ⅰ	Ⅱ			Ⅲ		Ⅳ		Ⅴ
		Ⅱ$_1$	Ⅱ$_2$	Ⅱ$_3$	Ⅲ$_1$	Ⅲ$_2$	Ⅳ$_1$	Ⅳ$_2$	
$P_i(R_c, X, K)$	0.11	0.26	0.34	0.39	0.41	0.43	0.38	0.22	0.07

由表 6-2 与表 6-3 可知，两窗口岩体质量分别处于Ⅱ$_1$ 与Ⅲ$_2$ 级的隶属度最高，则可把其质量级别归在该级别上。该方法可有效甄别分级指标数值与每一级的贴合程度，并选取最高值作为其质量级别，具有较强的科学性。

6.3　各均质区岩体质量 $SRMR_{mbi}$ 法分级结果

用综合模糊判别理论计算出各均质区的质量信息后对分显后的各均质区依次进行赋值，再根据普通克里格估值法估测出其余未知点的质量信息，则可得到各个赋有岩体质量参数的均质区块体模型。将块体按照其质量属性值着色，即可得到由不同颜色分布的各均质区的模型，如表 6-4 所示。

由表 6-4 可知，各均质区的岩体质量级别都比较丰富，层次性清晰，分级更为精准。

(1) a 均质区岩体质量级别种类具有多样性，跨越了 5 个亚级，均质区块体化程度区间为 0.2747‰~1.4986‰，说明岩石完整性高，连续性好，岩体质量等级种类丰富；但该均质区岩体质量中值靠近 $Ⅲ_1$ 级，总体质量偏低。

(2) b 均质区岩体质量级别种类具有多样性，跨越了 5 个亚级，均质区块体化程度区间为 1.4987‰~2.8447‰；该均质区岩体质量中值靠近 $Ⅱ_3$ 级，总体质量处于中等水平；

(3) c 均质区岩体质量级别种类较为丰富，跨越了 4 个亚级，主要以 $Ⅱ_2$，$Ⅱ_3$ 与 $Ⅱ_1$ 级为主，各级别的岩体分布较为整齐集中，均质区块体化程度区间为 2.8448‰~4.7531‰；该均质区岩体质量中值靠近 $Ⅱ_3$ 级，总体质量处于中等偏上水平。

(4) d 均质区岩体质量级别种类较为丰富，跨越了 4 个亚级，其中 $Ⅱ_1$，$Ⅱ_2$ 和 $Ⅱ_3$ 级岩体是该均质区的主要构成部分。均质区块体化程度区间为 4.7532‰~6.8421‰，岩石较为破碎；该均质区岩体质量中值靠近 $Ⅱ_2$ 级，总体质量处于中等偏上水平。

(5) e 均质区岩体质量级别种类相对而言不够丰富，跨越了 3 个亚级。分别是 $Ⅱ_1$，$Ⅱ_2$ 和 $Ⅱ_3$ 级，且这三等级岩石体积数量相差不大，均质区块体化程度区间为 6.8422~9.6486，岩石完整性不强，存在较多节理；该均质区岩体质量中值靠近 $Ⅱ_2$ 级，总体质量处于中等偏上水平。

(6) f 均质区岩体质量级别种类相对而言不够丰富，跨越了 3 个亚级，但是该均质区却基本是由 $Ⅱ_2$ 级岩体构成。均质区块体化程度区间为 9.6487‰~19.1390‰，岩石破碎；但该均质区岩体质量中值靠近 $Ⅱ_2$ 级，总体质量处于中等偏上水平。

从均质区的视角总体来看，a、b 均质区岩体跨越了 5 个质量级别，c、d 均质区岩体跨越了 4 个质量级别，e、f 均质区岩体跨越了 3 个质量级别。从各均质区岩体质量分布趋势上看，a 均质区岩体质量级别集中分布在 $Ⅲ_1$ 级附近，b 均质区岩体质量级别集中在 $Ⅱ_3$ 级附近，而 c 至 f 均质区岩体质量级别集中分布在 $Ⅱ_2$ 级附近。

表 6-4　各均质区单元块体比较分析表

<table>
<tr><th>编号</th><th>各均质区模型图</th><th>各均质区岩体质量体积统计直方图</th><th>各均质区描述</th></tr>
<tr><td>a</td><td>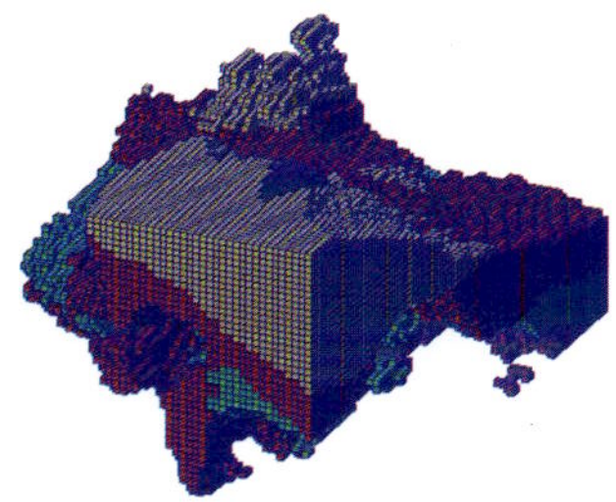</td><td>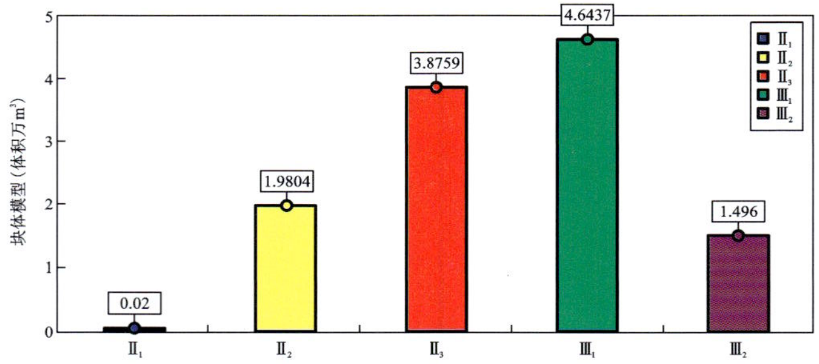

a均质区不同级别块体体积统计直方图</td><td>均质区内岩体质量跨越了 5 个级别，其中 $Ⅲ_1$ 岩体所占比重最大，$Ⅱ_3$ 级岩体居于其次，同时 $Ⅱ_2$ 与 $Ⅲ_2$ 占有较小比重，$Ⅱ_1$ 级岩体基本不存在</td></tr>
<tr><td>b</td><td>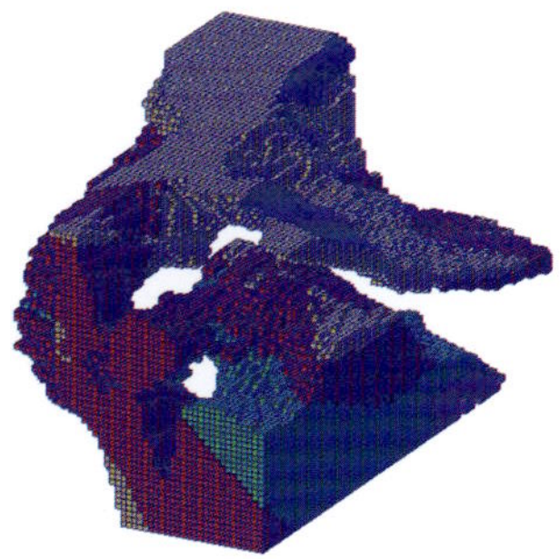</td><td>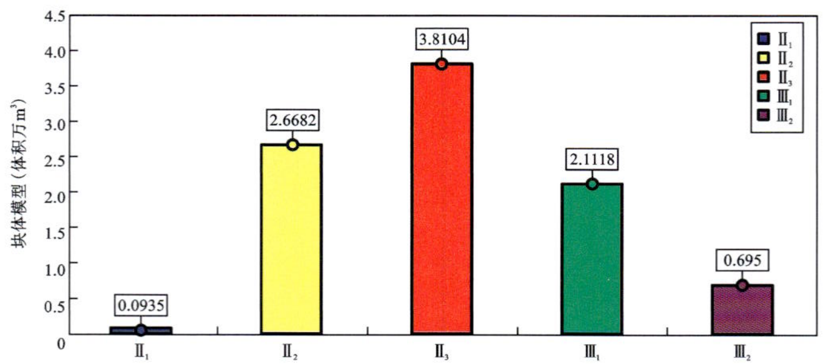

b均质区不同级别块体体积统计直方图</td><td>均质区内岩体跨越了 5 个质量级别，其中 $Ⅱ_3$ 级岩体所占比重最大，同时 $Ⅱ_2$ 与 $Ⅲ_1$ 级岩体在均质区内也占有相当一部分比重，$Ⅲ_2$ 级岩体所占比例不高，$Ⅱ_1$ 级岩体只有极少一部分</td></tr>
</table>

续表6-4

编号	各均质区模型图	各均质区岩体质量体积统计直方图	各均质区描述
c		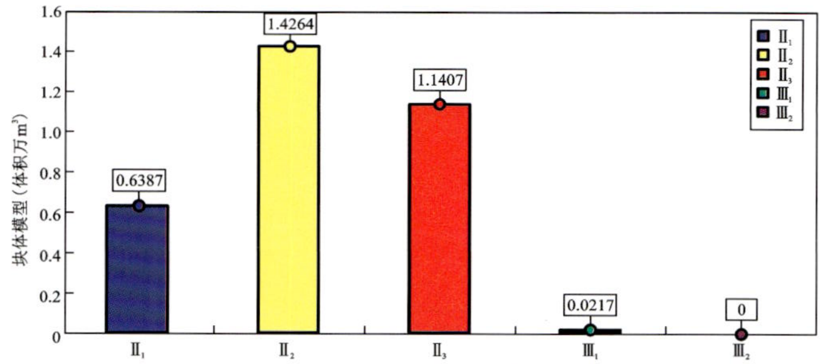 c均质区不同级别块体体积统计直方图	均质区内岩体跨越了 4 个质量级别，其中 II_2 级岩体所占比重最大，同时 II_1 与 II_3 级岩体在均质区内也占有相当一部分比重，存在极少一部分 III_1 级岩体，III_2 级岩体不存在
d	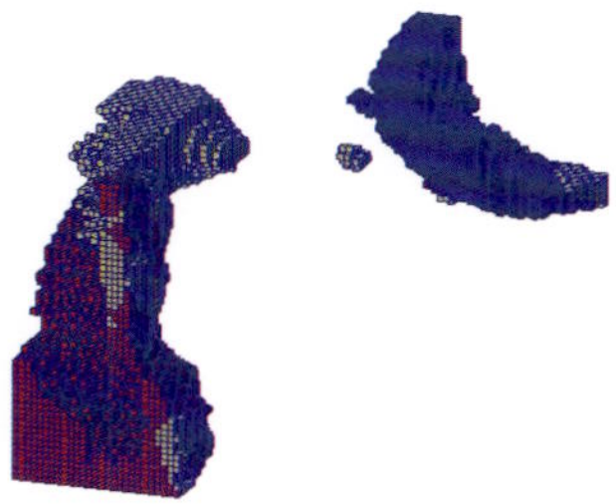	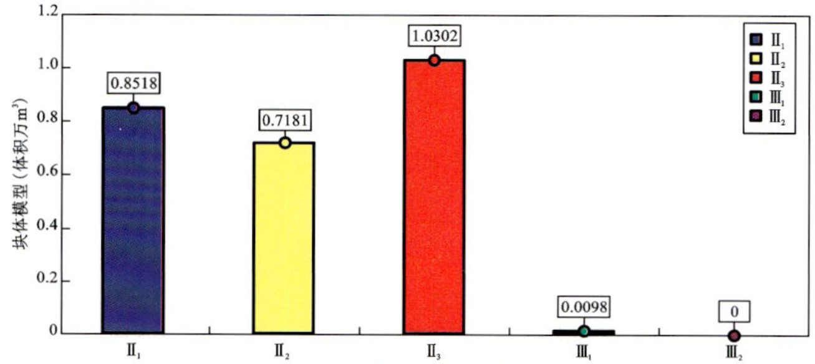 d均质区不同级别块体体积统计直方图	均质区内岩体跨越了 4 个质量级别，其中 II_1，II_2 和 II_3 级岩体是该均质区岩体的主要组成部分，且其所占比重差别不大，存在极少一部分 III_1 级岩体，III_2 级岩体不存在

续表6-4

<table>
<tr><th>编号</th><th>各均质区模型图</th><th>各均质区岩体质量体积统计直方图</th><th>各均质区描述</th></tr>
<tr><td>e</td><td>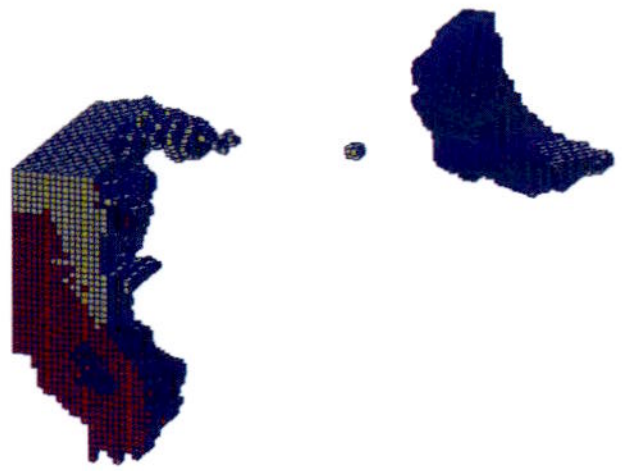</td><td>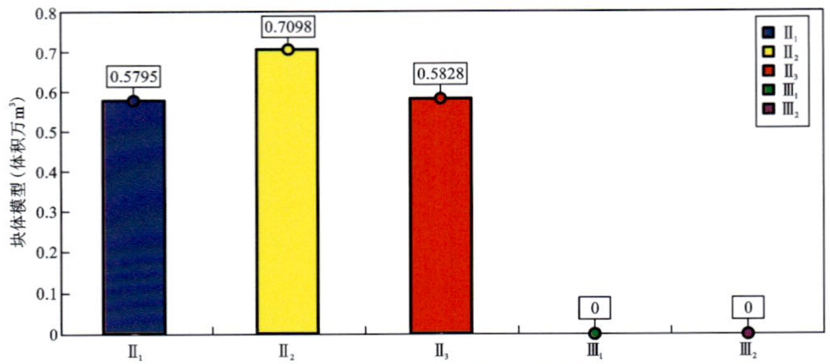
e均质区不同级别块体体积统计直方图</td><td>均质区内岩体跨越了 3 个质量级别，其中 $Ⅱ_1$，$Ⅱ_2$ 和 $Ⅱ_3$ 级岩体是该均质区岩体的主要组成部分，且其所占比重差别不大，$Ⅱ_2$ 级岩体为最高。$Ⅲ_1$ 与 $Ⅲ_2$ 级岩体均不存在</td></tr>
<tr><td>f</td><td></td><td>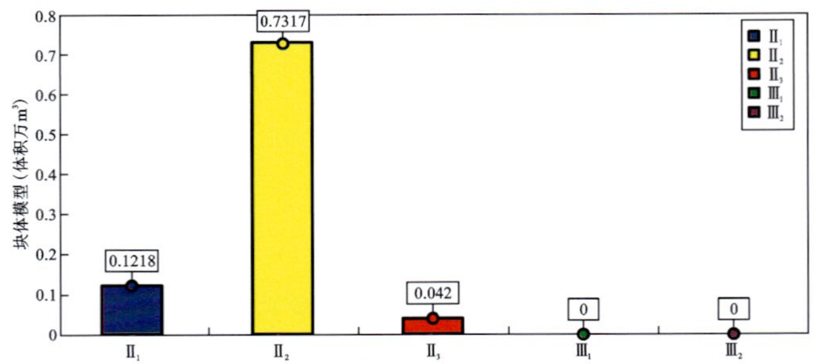
f均质区不同级别块体体积统计直方图</td><td>均质区内岩体跨越了 3 个质量级别，其中 $Ⅱ_2$ 级岩体是该均质区岩体的核心组成部分，同时存在较少部分 $Ⅱ_1$ 与 $Ⅱ_3$ 级岩体。$Ⅲ_1$ 与 $Ⅲ_2$ 级岩体均不存在。</td></tr>
</table>

从质量分级的视角来看，II_1 级岩体在 6 个均质区内均存在，但在 a、b 均质区内只存在极少部分，在 c、d、e 均质区内比重较高，同时也有少部分存在于 f 均质区内；II_2 级岩体在 6 个均质区内均存在，且都占有相当一部分比重，则可说明 II_2 级岩体是该试验区的重要组成成分；II_3 级岩体在 6 个均质区内均存在，且在 a 至 e 均质区中都占有相当一部分比重，但只有少部分存在于 f 均质区内；III_1 级岩体在 a 至 f 均质区内呈依次递减的趋势，其在 a 均质区内占有相当大的比重，在 b 均质区内的比重偏低，在 c、d 均质区内的含量已经接近于零，在 e、f 均质区内不存在；III_2 级岩体只在 a、b 均质区内存在，但在两均质区内含量均不高。

6.4　区域裂隙岩体质量 $\mathrm{SRMR_{mbi}}$ 法分级结果

采用三维可视化模型可形象表示各均质区 $\mathrm{SRMR_{mbi}}$ 法分级结果，若要研究区域裂隙岩体整体的精细化分级质量评级状况则可将各均质区块体模型进行组合重组。完成上述的操作后，此时区域裂隙岩体不同的质量级别的块体已经被不同颜色所表征，模型着色结果如图 6-1 所示。

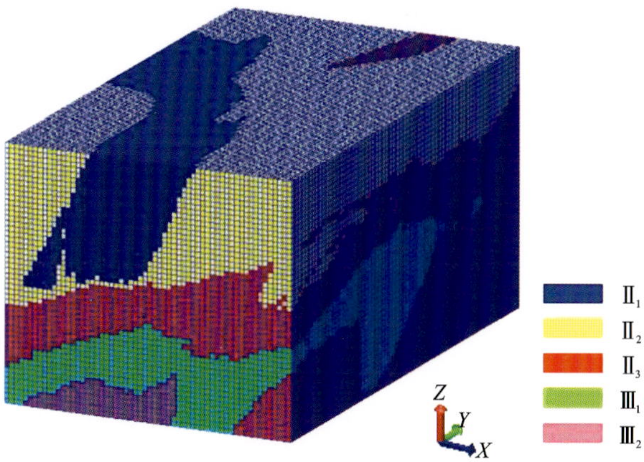

图 6-1　区域裂隙岩体 $\mathrm{SRMR_{mbi}}$ 法质量分级结果模型

由图 6-1 可知，试验区岩体主要不均匀分布有蓝色，黄色，红色，绿色和粉丝这 5 种颜色，其中黄色和红色区域岩体分布最广，绿色区域岩体的覆盖率居于其后，蓝色区域与紫色区域则占据了相对较少的空间。这一现象说明试验区整体的岩石质量级别主要处于 II_2，II_3，III_1 级，同时，试验区岩体质量最高级别为 II_1 级，最低级别为 III_2，其在试验区的占有率都较低。质量精细化分级结果模型非常直观地从三维角度反映岩体质量信息的变化规律。

统计图 6-1 中块体模型不同颜色区域的体积，如图 6-2 所示。

由图 6-2 可知，蓝色区域体积值为 2.3053，黄色区域为 8.2346，红色区域为 10.482，绿色区域为 6.7871，紫色区域为 2.191。岩体的体积统计值变化从 $Ⅱ_1$ 至 $Ⅲ_2$ 整体呈现出一个开口向下的抛物线的趋势，顶点在 $Ⅱ_3$ 级处，两侧大致呈对称分布。说明试验区大部分岩体的完整性较好，质量较好，力学性质较高，结合程度较好。

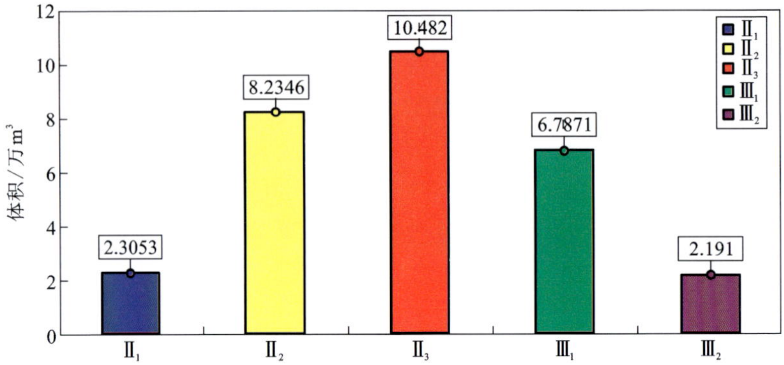

图 6-2　$SRMR_{mbi}$ 法下不同级别块体体积统计直方图

6.5　区域裂隙岩体质量分级结果比较

6.5.1　各均质区 RMR_{mbi} 法与 $SRMR_{mbi}$ 法分级结果比较

各均质区 $SRMR_{mbi}$ 法、RMR_{mbi} 法分级结果比较如图 6-3 至图 6-8 所示。

由图 6-3 可知，RMR_{mbi} 法将 a 均质区划分成 3 个质量级别，分别为Ⅰ、Ⅱ和Ⅲ级，主要以Ⅱ级为主，而 $SRMR_{mbi}$ 法则将均质区划分为 5 个质量级别，分别为 $Ⅱ_1$、$Ⅱ_2$、$Ⅱ_3$、$Ⅲ_1$、$Ⅲ_2$ 级，以 $Ⅱ_3$、$Ⅲ_1$ 级为主，$Ⅱ_2$ 和 $Ⅲ_2$ 居于其次，$Ⅱ_1$ 级岩体最少(基本不存在)。图 6-3(a)中黄色区域在图 6-3(b)中主要被蓝色、黄色、红色及绿色的块体所替代，蓝色区域则主要被红色、绿色和紫色块体替代，而仅有的极少的红色区域也全被蓝色块体所覆盖。这一现象说明 a 均质区经精细化分级后，Ⅱ级的岩体后被划分到 $Ⅱ_1$、$Ⅱ_2$、$Ⅱ_3$、$Ⅲ_1$ 这些亚级中，评级为Ⅲ级的岩体则被细分至 $Ⅱ_3$、$Ⅲ_1$ 和 $Ⅲ_2$ 亚级。

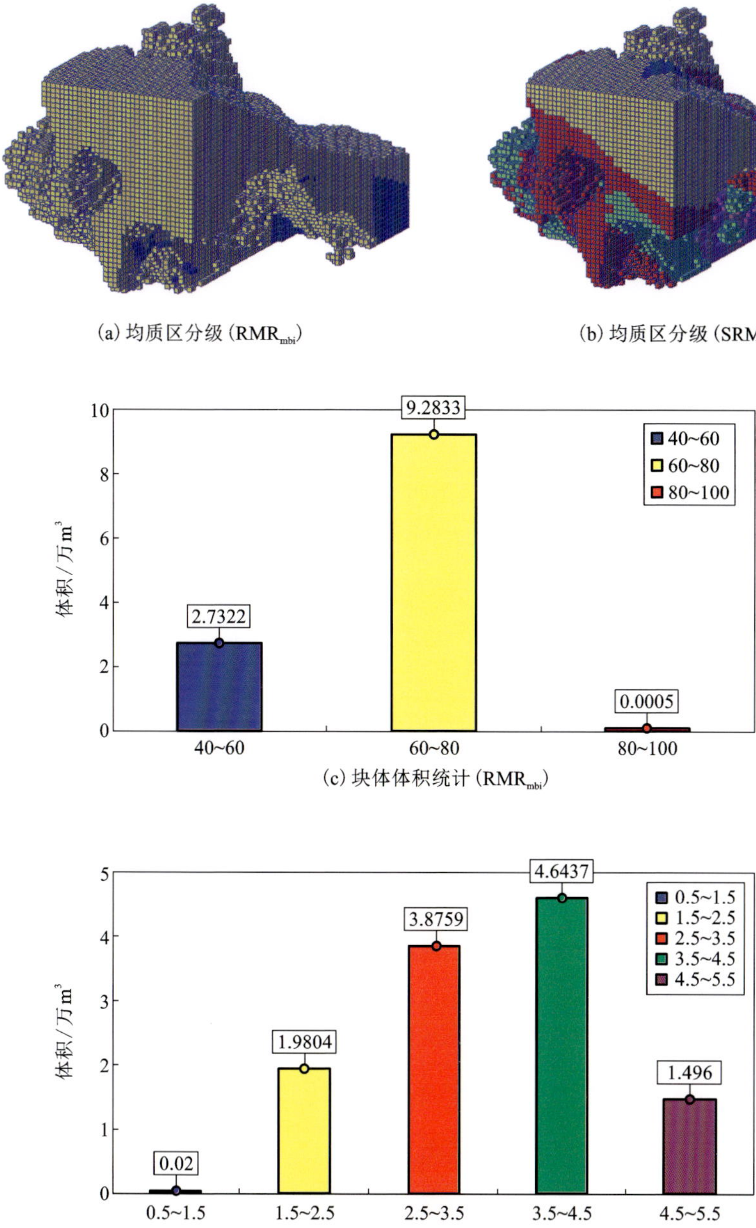

(a) 均质区分级 (RMR_{mbi})　(b) 均质区分级 ($SRMR_{mbi}$)

(c) 块体体积统计 (RMR_{mbi})

(d) 块体体积统计 ($SRMR_{mbi}$)

图 6-3　a 均质区在两种质量分级法下的分级结果比较

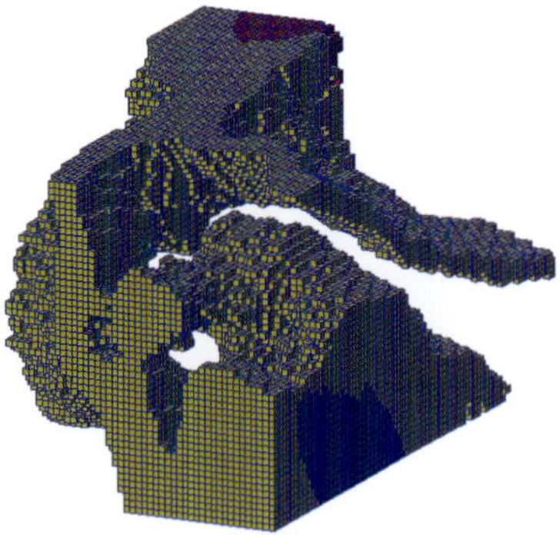

(a) 均质区分级（RMR_{mbi}）

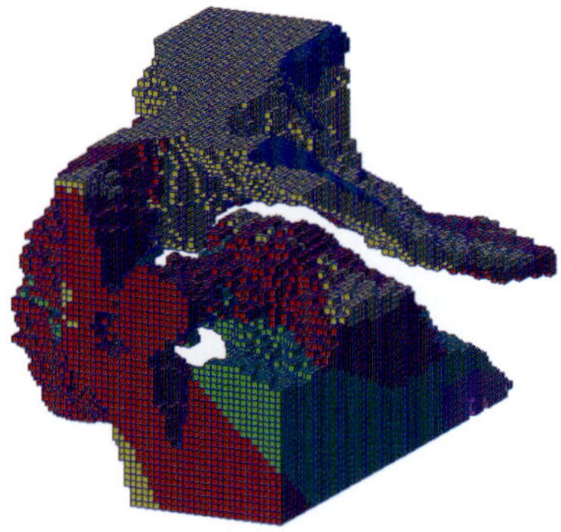

(b) 均质区分级（$SRMR_{mbi}$）

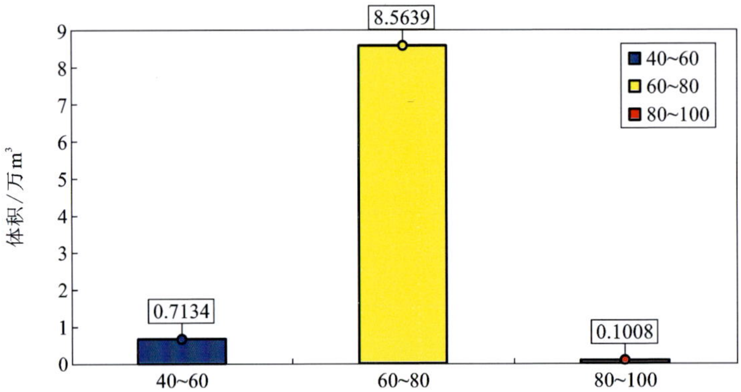

(c) 块体体积统计（RMR_{mbi}）

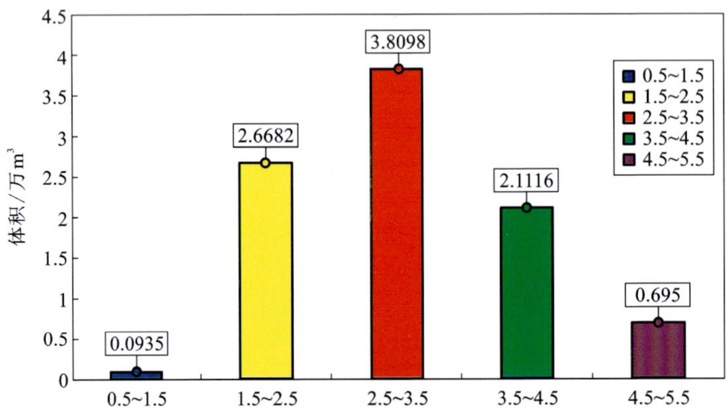

(d) 块体体积统计（$SRMR_{mbi}$）

图 6-4　b 均质区在两种质量分级法下的分级结果比较

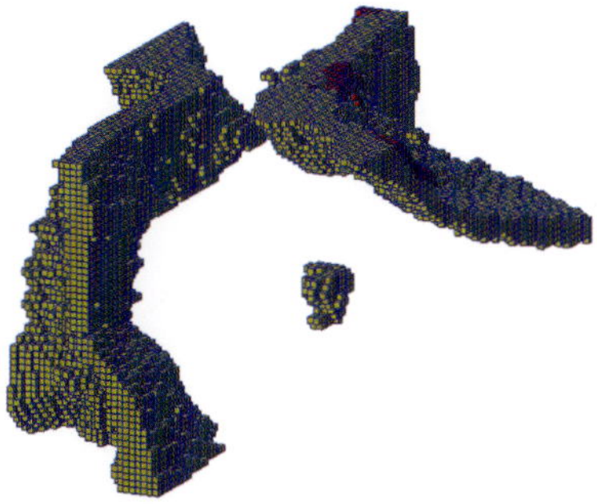

(a) 均质区分级 (RMR_{mbi})

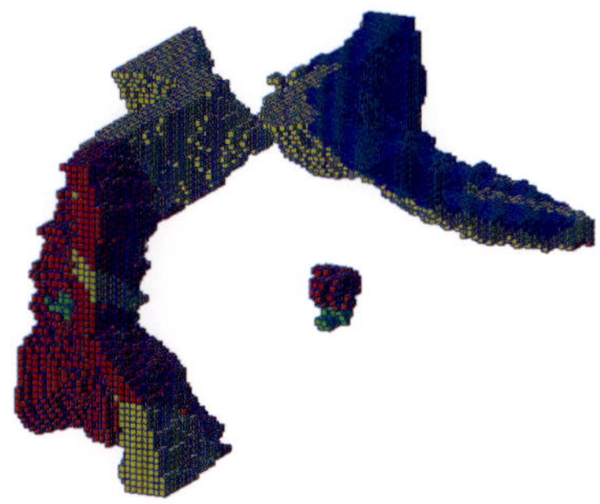

(b) 均质区分级 ($SRMR_{mbi}$)

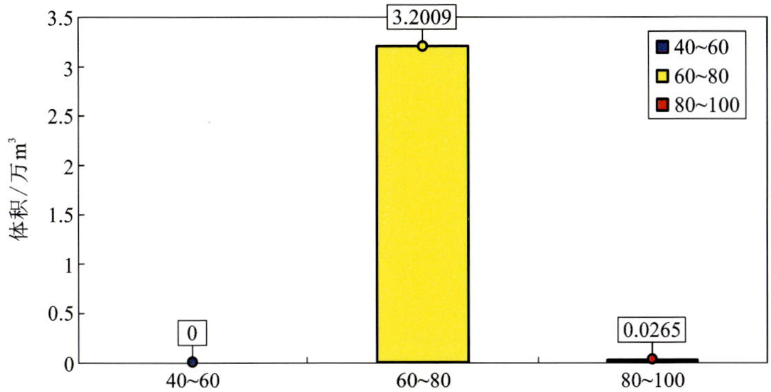

(c) 块体体积统计 (RMR_{mbi})

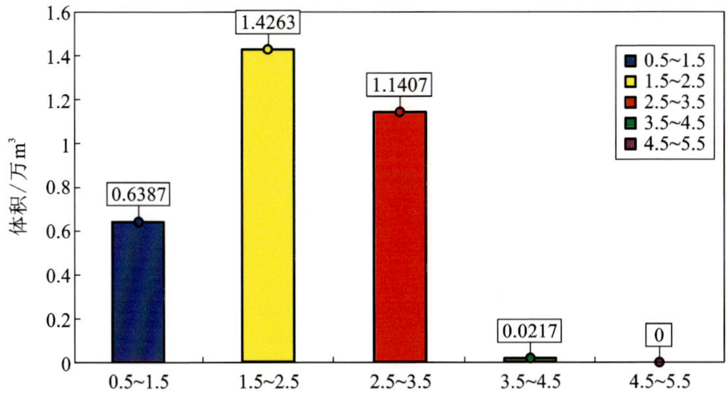

(d) 块体体积统计 ($SRMR_{mbi}$)

图 6-5　c 均质区在两种质量分级法下的分级结果比较

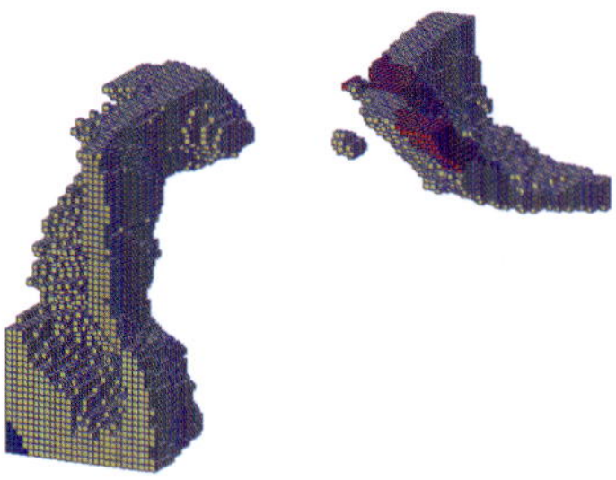

(a) 均质区分级（RMR_{mbi}）

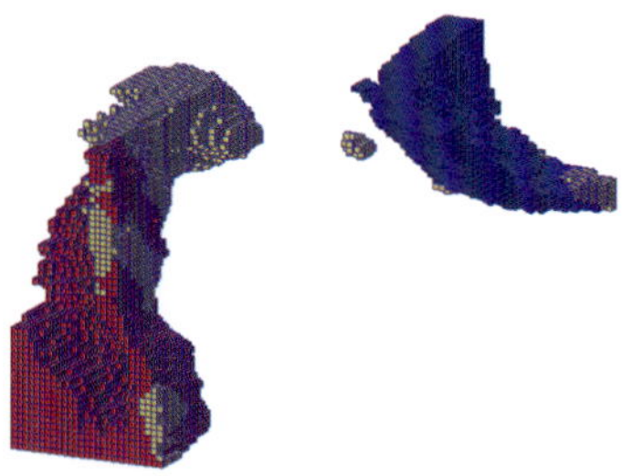

(b) 均质区分级（$SRMR_{mbi}$）

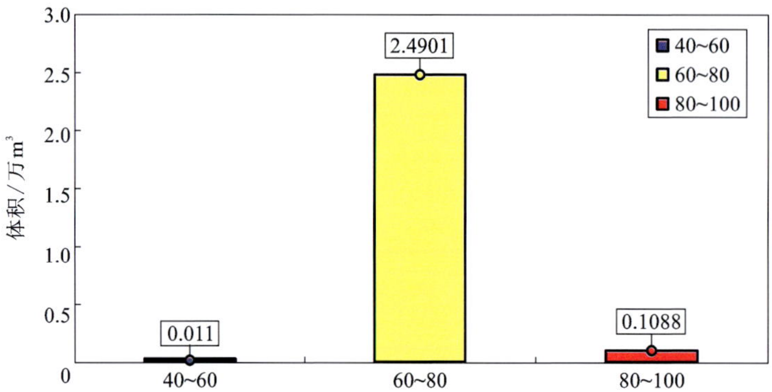

(c) 块体体积统计（RMR_{mbi}）

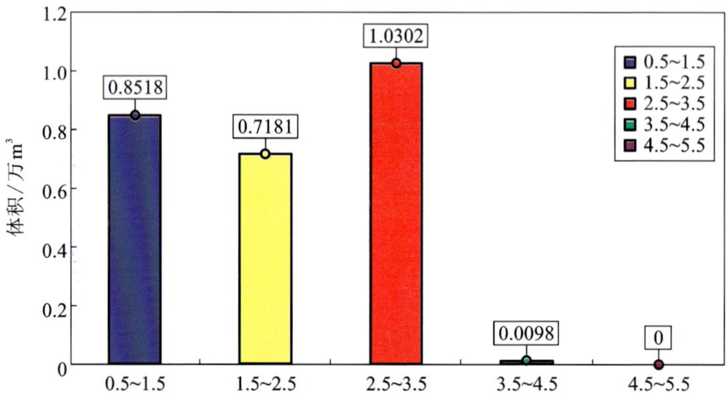

(d) 块体体积统计（$SRMR_{mbi}$）

图 6-6　d 均质区在两种质量分级法下的分级结果比较

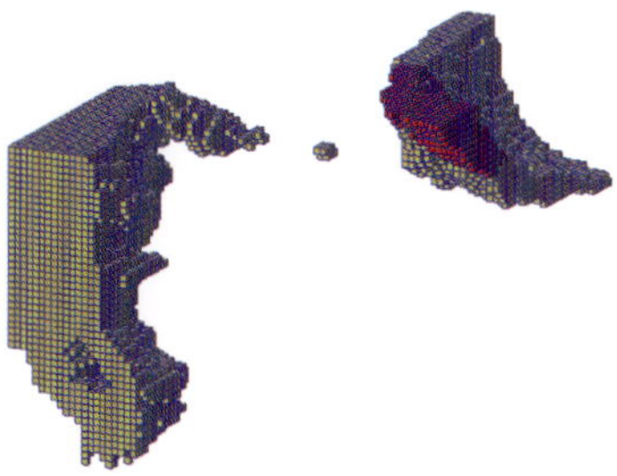

(a) 均质区分级 (RMR_{mbi})

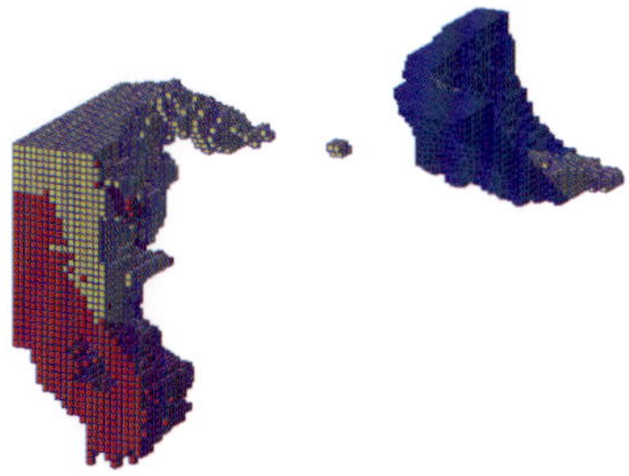

(b) 均质区分级 ($SRMR_{mbi}$)

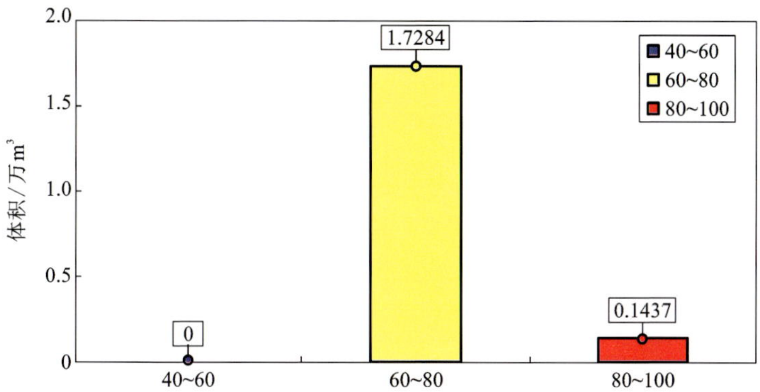

(c) 块体体积统计 (RMR_{mbi})

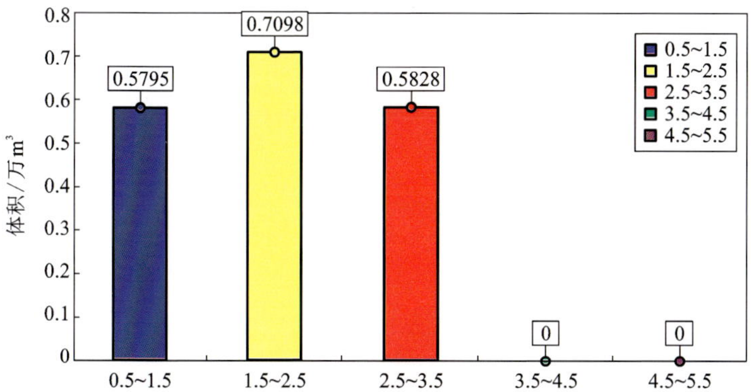

(d) 块体体积统计 ($SRMR_{mbi}$)

图 6-7　e 均质区在两种质量分级法下的分级结果比较

(a) 均质区分级（RMR_{mbi}）

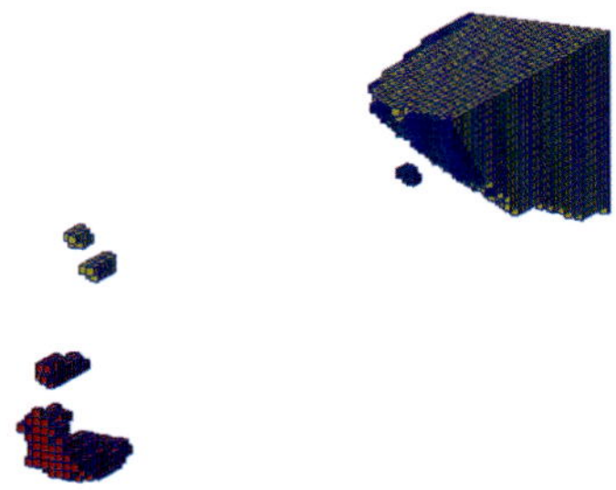

(b) 均质区分级（$SRMR_{mbi}$）

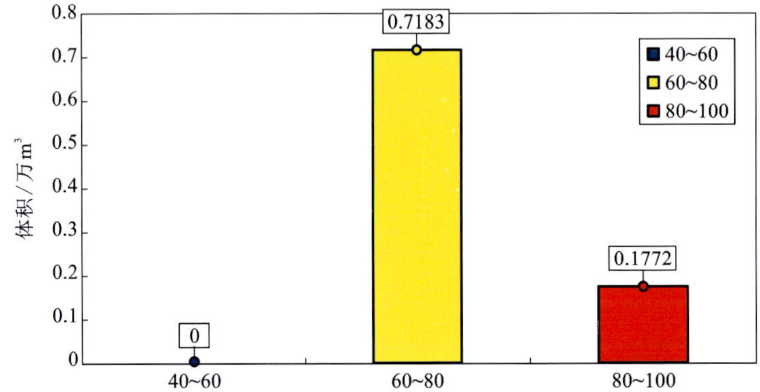

(c) 块体体积统计（RMR_{mbi}）

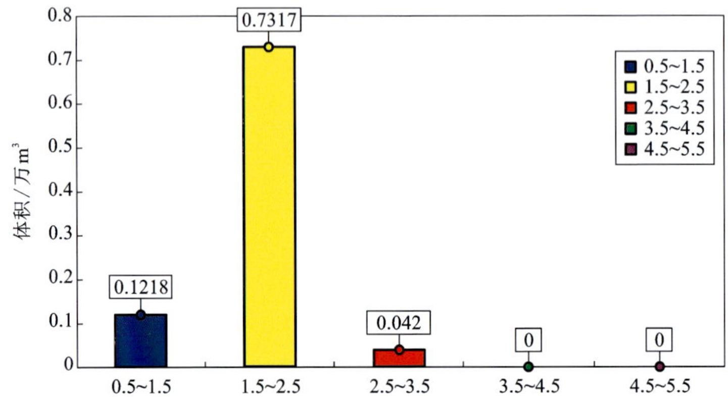

(d) 块体体积统计（$SRMR_{mbi}$）

图 6-8　f 均质区在两种质量分级法下的分级结果比较

由图 6-4 可知，RMR_{mbi} 法将 b 均质区划分成 3 个质量级别，分别为 Ⅰ、Ⅱ 和 Ⅲ 级，以 Ⅱ 级为主，而 $SRMR_{mbi}$ 法则将均质区划分为 5 个质量级别，分别为 $Ⅱ_1$、$Ⅱ_2$、$Ⅱ_3$、$Ⅲ_1$、$Ⅲ_2$ 级，以 $Ⅱ_2$、$Ⅱ_3$ 级为主，$Ⅲ_1$ 和 $Ⅲ_2$ 居于其次，$Ⅱ_1$ 级岩体最少（基本不存在）。图 6-4(a) 中的红色区域主要被图 6-4(b) 中黄色块体所取代，黄色区域主要被蓝色，黄色，红色以及绿色的块体所替代，而蓝色区域则主要被绿色和紫色块体替代。这一现象说明 b 均质区经精细化分级后，Ⅰ 级岩体被划分为 $Ⅱ_2$ 亚级，Ⅱ 级岩体被划分为 $Ⅱ_1$、$Ⅱ_2$、$Ⅱ_3$、$Ⅲ_1$，评级为 Ⅲ 级的岩体则被细分至 $Ⅲ_1$ 和 $Ⅲ_2$ 级。

由图 6-5 可知，RMR_{mbi} 法将 c 均质区划分成 2 个质量级别，分别为 Ⅰ 和 Ⅱ 级，以 Ⅱ 级为主，而 $SRMR_{mbi}$ 法则将均质区划分为 4 个质量级别，分别为 $Ⅱ_1$、$Ⅱ_2$、$Ⅱ_3$、$Ⅲ_1$ 级，以 $Ⅱ_2$、$Ⅱ_3$ 级为主，$Ⅱ_1$ 级居于其次最少，$Ⅲ_1$ 级岩体基本不存在。图 6-5(a) 中的红色区域主要被图 6-5(b) 中蓝色块体所取代，黄色区域主要被蓝色，黄色，红色以及极少的绿色块体所替代。这一现象说明 c 均质区经精细化分级后，Ⅰ 级岩体被划分为 $Ⅱ_1$ 亚级，Ⅱ 级岩体被细分为 $Ⅱ_1$、$Ⅱ_2$、$Ⅱ_3$、$Ⅲ_1$ 级。

由图 6-6 可知，RMR_{mbi} 法将 d 均质区划分成 3 个质量级别，分别为 Ⅰ、Ⅱ 和 Ⅲ 级，以 Ⅱ 级为主，而 $SRMR_{mbi}$ 法则将均质区划分为 4 个质量级别，分别为 $Ⅱ_1$、$Ⅱ_2$、$Ⅱ_3$、$Ⅲ_1$ 级，以 $Ⅱ_1$、$Ⅱ_2$、$Ⅱ_3$ 级为主，$Ⅲ_1$ 级岩体基本不存在。图 6-6(a) 中的红色区域主要被图 6-6(b) 中蓝色块体所取代，黄色区域主要被蓝色，黄色，红色以及极少的绿色块体所替代，蓝色区域主要被红色块体替代。这一现象说明 d 均质区经精细化分级后，Ⅰ 级岩体被划分为 $Ⅱ_1$ 亚级，Ⅱ 级岩体被细分为 $Ⅱ_1$、$Ⅱ_2$、$Ⅱ_3$、$Ⅲ_1$ 亚级，评级为 Ⅲ 级的岩体则被划分为 $Ⅱ_3$ 亚级。

由图 6-7 可知，RMR_{mbi} 法将 e 均质区划分成 2 个质量级别，分别为 Ⅰ 和 Ⅱ 级，以 Ⅱ 级为主，而 $SRMR_{mbi}$ 法则将均质区划分为 3 个质量级别，分别为 $Ⅱ_1$、$Ⅱ_2$、$Ⅱ_3$ 级，且其体积值相差不大。图 6-7(a) 中的红色区域主要被图 6-7(b) 中蓝色块体所取代，黄色区域主要被蓝色，黄色和红色块体所替代。这一现象说明 e 均质区经精细化分级后，Ⅰ 级岩体被划分至 $Ⅱ_1$ 亚级，Ⅱ 级岩体被细分为 $Ⅱ_1$、$Ⅱ_2$、$Ⅱ_3$ 亚级。

由图 6-8 可知，RMR_{mbi} 法将 f 均质区划分成 2 个质量级别，分别为 Ⅰ 和 Ⅱ 级，以 Ⅱ 级为主，而 $SRMR_{mbi}$ 法则将均质区划分为 3 个质量级别，分别为 $Ⅱ_1$、$Ⅱ_2$、$Ⅱ_3$ 级，以 $Ⅱ_2$ 级为主，$Ⅱ_1$ 和 $Ⅱ_3$ 居于其次。图 6-8(a) 中的红色区域主要被图 6-8(b) 中蓝色和黄色块体所取代，黄色区域主要被蓝色，黄色和红色块体所替代。这一现象说明 f 均质区经精细化分级后，Ⅰ 级岩体被划分为 $Ⅱ_1$ 亚级，Ⅱ 级岩体被细分为 $Ⅱ_1$、$Ⅱ_2$、$Ⅱ_3$ 级。

对比分析可知，RMR_{mbi} 法划分的各均质区岩体质量级别单一，基本以 Ⅱ 级为主，同时附带其他一两种岩体质量级别。而 $SRMR_{mbi}$ 法划分的均质区质量级别更加多样，层次性强，能够体现出岩体质量间更细微的差别。同时，岩体质量精细

化分级 $SRMR_{mbi}$ 法所评价的各均质区的质量亚级基本附属于其对应位置的 RMR_{mbi} 法所评价的岩体质量等级，说明了质量精细分级也具有较好的科学性和合理性。

6.5.2 区域裂隙岩体 RMR_{mbi} 法与 $SRMR_{mbi}$ 法分级结果比较

对区域裂隙岩体质量 RMR_{mbi} 法与 $SRMR_{mbi}$ 法分级进行比较，结果如图 6-9 所示。

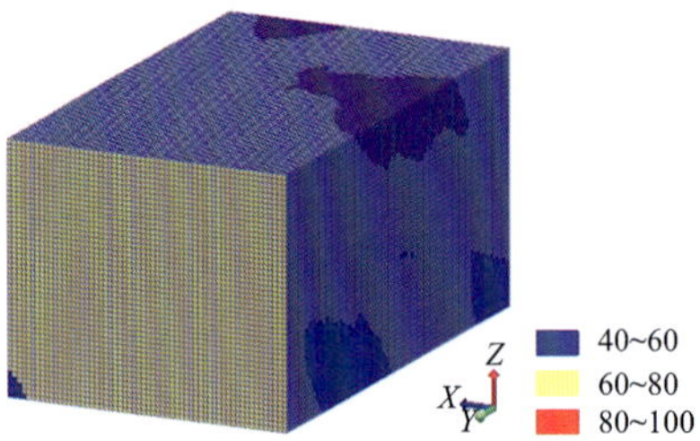

(a) 均质区分级 (RMR_{mbi})

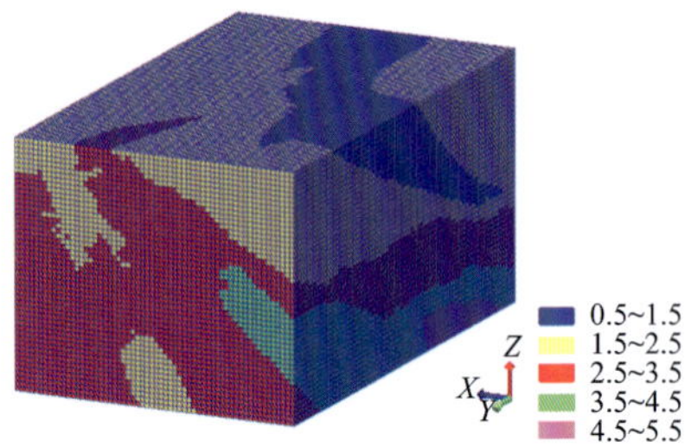

(b) 均质区分级 ($SRMR_{mbi}$)

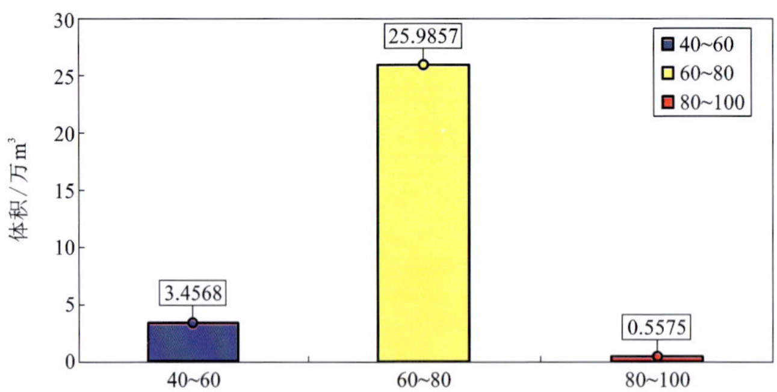

(c) 块体体积统计 (RMR_{mbi})

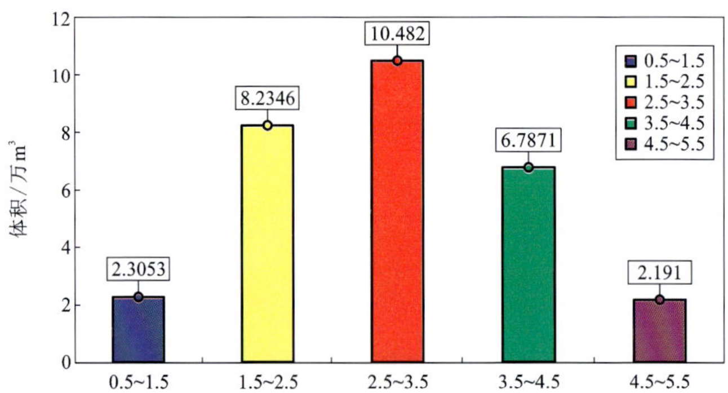

(d) 块体体积统计 ($SRMR_{mbi}$)

图 6-9 区域裂隙岩体质量 RMR_{mbi} 与 $SRMR_{mbi}$ 分级结果比较

由图 6-9 可知，RMR_{mbi} 法划分的区域裂隙岩体分级小于 $SRMR_{mbi}$ 法的分级。

RMR_{mbi} 法下区域裂隙岩体被划分为 3 个质量级别，分别是Ⅰ、Ⅱ和Ⅲ级。其中Ⅱ级岩体分布最为广泛，基本占到试验区总体积的 86%。在该评级下，试验区岩体质量呈现出了一定的变化规律，评分较差的岩体分布在试验区底部位置，而评分值最高的部分则分布在试验区顶部，整个试验区岩体的质量评分由上至下逐渐变低。

$SRMR_{mbi}$ 法下区域裂隙岩体被划分为 5 个质量级别，其主要是隶属于Ⅱ和Ⅲ级下的$Ⅱ_1$、$Ⅱ_2$、$Ⅱ_3$、$Ⅲ_1$、$Ⅲ_2$ 亚级。同时岩体的体积统计值变化从$Ⅱ_1$ 至$Ⅲ_2$ 整体呈现出一个开口向下的抛物线的趋势，顶点在$Ⅱ_3$ 级处，两侧大致呈对称分布。模型从上至下的颜色大体是由蓝到紫逐层分布，则试验区岩体按照质量评级由高到低依次排列。这与 RMR_{mbi} 法下的岩体质量呈现出了相同的变化趋势。$SRMR_{mbi}$ 法增加了岩体质量级别层次，达到了精细分级的目的，分级评价结果与 RMR_{mbi} 法总体趋于一致。

参考文献

[1] 李术才，贺鹏，李利平，等. 隧道岩质围岩亚级分级可靠度分析方法及其工程应用[J]. 岩土力学，2018，39(3)：967-976.

[2] 王明年，刘大刚，刘彪，等. 公路隧道岩质围岩亚级分级方法研究[J]. 岩土工程学报，2009，31(10)：1590-1594.

[3] 王明年，陈炜韬，刘大刚，等. 公路隧道岩质和土质围岩统一亚级分级标准研究[J]. 岩土力学，2010，31(2)：547-552.

[4] 李士勇. 工程模糊数学及应用[M]. 哈尔滨：哈尔滨工业大学出版社，2004.

[5] 陈鹏宇，余宏明，谢凯，等. 基于支持度的隧道围岩质量分级组合评价方法[J]. 岩土工程学报，2013，35(12)：2233-2237.

图书在版编目(CIP)数据

裂隙岩体质量三维分区分级一体化理论与方法 / 陈庆发，尹廷昌著. —长沙：中南大学出版社，2025.7

ISBN 978-7-5487-5804-4

Ⅰ. ①裂… Ⅱ. ①陈… ②尹… Ⅲ. ①裂缝(岩石)—岩体—研究 Ⅳ. ①TE357

中国国家版本馆 CIP 数据核字(2024)第 083241 号

裂隙岩体质量三维分区分级一体化理论与方法

LIEXI YANTI ZHILIANG SANWEI FENQU FENJI YITIHUA LILUN YU FANGFA

陈庆发　尹廷昌　著

□**出 版 人**　林绵优

□**责任编辑**　史海燕

□**责任印制**　李月腾

□**出版发行**　中南大学出版社

社址：长沙市麓山南路　　邮编：410083

发行科电话：0731-88876770　　传真：0731-88710482

□**印　　装**　湖南省众鑫印务有限公司

□**开　　本**　710 mm×1000 mm　1/16　□**印张** 13　□**字数** 255 千字

□**版　　次**　2025 年 7 月第 1 版　□**印次** 2025 年 7 月第 1 次印刷

□**书　　号**　ISBN 978-7-5487-5804-4

□**定　　价**　108.00 元